ZHUANLI YUNYING
SHIWU

专利运营实务

毛金生　陈燕　李胜军　谢小勇◎编著

知识产权出版社
全国百佳图书出版单位

责任编辑：熊　莉　　　　　　　　　**责任校对：**董志英

特约编辑：徐施峰　　　　　　　　　**责任出版：**卢运霞

图书在版编目（CIP）数据

专利运营实务 / 毛金生等编著 . —北京：知识产权出版社，2013.6

ISBN 978 - 7 - 5130 - 2117 - 3

Ⅰ . ①专… 　Ⅱ . ①毛… 　Ⅲ . ①专利 – 运营管理 – 研究　Ⅳ . ①G306.3

中国版本图书馆 CIP 数据核字（2013）第 139394 号

专利运营实务

毛金生　陈　燕　李胜军　谢小勇　编著

出版发行：知识产权出版社

社　　　址：北京市海淀区马甸南村 1 号		邮　　编：100088	
网　　　址：http://www.ipph.cn		邮　　箱：bjb@cnipr.com	
发行电话：010 - 82000860 转 8101/8102		传　　真：010 - 82005070/82000893	
责编电话：010 - 82000860 转 8176		责编邮箱：xiongli@cnipr.com	
印　　　刷：知识产权出版社电子制印中心		经　　销：新华书店及相关销售网点	
开　　　本：787mm×1092mm　1/16		印　　张：17.25	
版　　　次：2013 年 7 月第 1 版		印　　次：2013 年 7 月第 1 次印刷	
字　　　数：221 千字		定　　价：55.00 元	

ISBN 978 - 7 - 5130 - 2117 - 3

《专利运营实务》编著组

项目负责人

  毛金生 负责项目总体策划、指导研究

执行负责人

  陈 燕 参与项目策划、指导研究

  李胜军 参与项目策划、指导研究

  谢小勇 负责项目策划、组织和实施课题研究等

主要撰稿人

  谢小勇 课题组长，负责设计研究框架、撰写研究提纲，主要执笔前言、第一至五章，参与执笔第六章

  刘淑华 主要执笔第一、三章，参与执笔第五章

  孙 玮 主要执笔第二、六章，参与执笔第一章

  武 伟 参与执笔第六章

统 稿 人

  谢小勇 李胜军

审 稿 人

  毛金生 陈 燕

前　言

　　近年来，国外一批跨国专利运营者纷纷抢占我国市场，对我国产业界以及知识产权界产生很大的冲击，对我国将来产业发展以及知识产权事业发展带来很大的挑战。在 DVD 专利收费、德国展会 MP3 查抄、欧美海关巨额知识产权扣货、美国 337 调查、频繁的海外知识产权诉讼以及企业并购等事件中，都有专利运营者的身影。这些专利运营者形式多样，身份复杂，特别是一种被称为"非专利实施主体"（NPE）的专利运营者，本身并不制造专利产品或者提供专利服务，而是从其他公司（往往是破产公司）、研究机构或个人发明者手上购买专利，然后有目的地通过起诉某些公司的产品侵犯其专利权，赚取巨额利润。这类公司的运营流程如下页图 1 所示。

　　在美国等西方发达国家，专利运营已形成一个相对完整的产业链。在其中担当主角的，不仅有类似高智发明公司这样的大型发明投资基金，也有众多如 Logic Patents 这样的中小型专利运营公司，还有以知识产权经纪业务见长的 ICAP 专利经纪公司，专门为企业充当专利"保护伞"的 RPX 公司，知识产权管理方案服务提供商 UBM TechInsights 以及 IPXI 这种综合性交易平台等。无论它们以何种面貌出现，其商业目标都只有一个，就是实现专利价值的最大化。随着大量专利运营公司的发展演变，其商业手段也纷繁复杂，如高智发明通过复制实业公司的环节，购买或者研发大量的专利，建立专利组合授权收费模式；RPX 公司通过

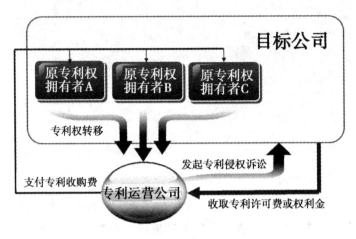

图1 专利运营公司的运营流程

防御性专利收集帮助遍及全球多个国家的客户群实现专利风险管控，避免可能面临的高额诉讼及专利使用费；Ocean Tomo 公司提供专利的金融产品和服务，以举办了世界历史上第一次现场专利拍卖会而闻名于世。这些运营公司普遍通过专利购买、专利许可或者专利布局等模式，储备大量专利技术，形成专利池或事实技术标准，然后通过专利诉讼、海关扣货、展会查抄、337 调查等模式迫使竞争对手缴纳专利许可费或高额赔偿金，或委托专门专利运营者代为收取专利许可费或高额赔偿金。国际新兴产业与高端技术领域的跨国公司也纷纷利用专利运营，不但在于收取高额回报，而且要打击竞争对手，使竞争对手消失或沦为代工厂，从而控制技术与产品的产业链、价值链、供应链，如高通、飞利浦、汤姆逊等。

美国斯坦福大学日前公布一项题为《人间巨孽》（*The Giants Among Us*）的研究报告将上述高智发明公司等运营数以千计的空壳公司和上千件专利的现象概括为"专利聚合（aggregator）"，通过追踪上述高智发明公司的运营活动，同时亦对包括阿凯夏公司、环太知识产权管理公司以及 RPX 公司在内的其他一些较大

规模专利聚合公司的运作情况予以了披露。美国政府层面、业界
对这类职业专利投资公司存在褒贬不一的热议，其很大一部分原
因就在于目前对上述专利聚合公司的多元运营环节研究不够深
入，尚不能准确把握其复杂的运营环节。

　　与国外正如火如荼开展的专利运营活动相比，长期以来，我
国企业和知识产权界对于专利的认识大多聚焦于如何获得专利权
以及如何更好地开展产业化实施，但对于怎样利用专利占领更大
市场份额，利用专利阻挡竞争对手、确保自身利益，利用专利获
得更多的实际利润，并没有上升到战略运营的层面。随着科学技
术和商品经济的发展，专利权日趋资本化、商业化。以专利权为
核心，重组其他各类要素资产，通过创新和专利权的各种市场运
作实现专利权的经济价值和财产利益，成为各类市场主体赢得技
术和市场优势的关键。我国专利运营虽然取得了一些成绩，但各
种专利运营管理公司的商业赢利环节并未真正确立。因此，对专
利运营的各类环节进行归纳分析，并针对我国专利运营现状提出
相关政策建议具有重要的理论和现实意义。

　　本书通过开展对专利运营的概念、特征、作用和影响的研
究，力图为专利运营奠定相关理论基础。所谓专利运营，可以被
理解为将专利权作为投入要素直接参与到商业化运筹和经营活动
中，通过专利资本的各种技巧性市场运作提升专利竞争优势，最
大限度地实现专利权经济价值的市场行为。由上述概念可知专利
运营主体既可是个人，也可能是企业或者是科研院所，甚至是政
府部门等拥有专利权的主体。他们通过各种途径，以一种合理的
方式，在自己没有能力或者有更好选择的情况下，将专利技术赋
予或许可他人运营，从而使专利技术的价值得以实现。所以说，
专利运营主体是非常广泛的，但本书侧重研究专利运营公司的行
为，所以将专利运营主体定位为市场主体而非政府部门或者个
人。此外，明确专利运营对象是专利权本身，而非含有专利权的

产品。

　　本书重点分析专利运营流程的投资、整合、收益三个环节，并对每个环节的运营模式进行总体性和本质性特征的高度概括。所谓专利运营环节，主要是指运营者直接或者间接通过专利获取持续性的经济报酬的商业经营环节。由于不同市场主体对专利技术的市场前景判断以及综合采取各种市场化运作手段的不同，导致专利运营模式呈现复杂多变的面貌，正如理查德·罗纳德森和帕默拉·贝恩在《激活知识产权》一文中指出，成功的知识资本管理的观点应当从应用技术和在商业上制造而使技术商业化转变为从出卖、许可、合资、战略联盟、与目前业务整合和捐献等六种途径中获取利润。上述六种途径显然是专利运营收益模式的常态，然而专利运营模式远不止如此。专利运营的实质还是在市场中追求利益，运营者将金融资本与专利资本相融合，构成两个循环，如下页图2所示，左边圈是资金循环的"动脉"，资金从成本环节流入，在右边圈内转化为专利进行循环后，再从收入环节流出。右边圈是专利循环的"静脉"，资金从成本环节流入后，转化为专利资本，专利资本在"静脉"中吸收、整合、转移，再次以资金的方式从收入环节流出。"静脉"循环正是专利运营的整个环节，本书根据专利资本市场运作的三个阶段，将专利运营的环节归纳为专利投资运营环节、专利整合运营环节和专利收益运营环节。专利投资运营环节主要包括间接投资与直接投资两种运营模式。专利整合运营环节主要包括专利盘点以及专利池组合与专利联盟整合等运营模式。专利收益运营环节是前两种环节的皈依，是专利运营的终极目的，也是专利权价值的多种实现途径，主要包括专利许可、专利转让、专利融资和专利诉讼等主要模式。其中专利融资包括专利担保、质押、信托、保险、证券化和出资入股等模式。本书明确运营环节以后，进一步将各种运营模式按照环节划分，针对每个模式的运营流程、核心要素、运营目的、实现目标进行深入研究。

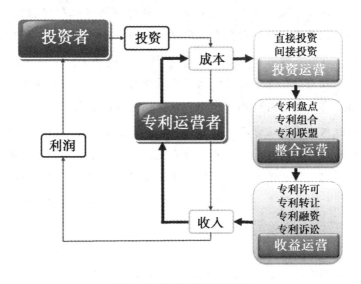

图 2　专利运营的两个循环

　　需要说明的是，由于专利运营主体、运营模式多样并相互交错，很难凭单一专利运营环节的划分来区别各个运营主体的运营行为；也就是说，针对某一专利运营主体而言，其可能参与每个环节的运营，也有可能只是针对某个环节的具体模式而展开运营业务。所以专利运营环节类型化的目的在于便于专利运营主体理解，便于其依据产业特性进一步获取专利的附加价值。

　　本书同时对我国专利运营的发展状况进行了分析。尽管近年来我国专利运营取得了长足发展，专利权的经济价值在专利运营中得到不同程度的实现，专利运营的模式逐步向多元化方向发展，科研单位专利运营也初步显现成效，专利运营公司也初具规模；但是我国专利运营仍存在诸多不足，主要体现在大部分专利技术与市场脱节限制了运营对象的范围，市场主体专利运用能力有欠缺，促进专利运营的中介服务机构不完善，科研管理体制上有缺陷，产学研合作现偏差等。本书也可以为现在以及即将展开专利运营的市场主体提供一定的参考。

在研究方法上，本书主要采取理论分析与实证研究相结合、微观特征与宏观行为相结合、定性分析与定量研究相结合的研究方法，并在各个层面与侧面上各有侧重，能够实现方法上的创新。在理论分析上，主要运用逻辑学分析方法及管理经济学分析方法，在专利运营的相关理论基础上根据专利资本运作的三个不同阶段构建专利运营环节的理论模型。这些定性分析与理论推论中的定量分析相结合，对每一种专利运营环节下的不同专利运营模式及相关策略进行研究。特别是结合国外具有代表性的专利运营公司的发展历史、运营模式和主要特点等采取历史实证的动态分析方法和比较分析方法。

本书的主要特色和创新之处在于，以专利资本市场化运作的三个不同阶段，从微观经济主体追求利益最大化的内在动机角度，揭示了国外典型专利运营公司的运作机制，并结合专利运营的外部政策影响因素，在此基础上归纳出不同的专利运营商业环节，构筑专利运营环节的主要模型，在理论上具有一定创新。本书将专利运营环节的理论模型运用到我国专利运营实践中，分析了我国专利运营取得的成就，揭示了我国专利运营存在的问题，并为专利运营者提供了思路。

此外，本书是在2011年国家知识产权局高培发展研究课题"专利运营问题调查研究"的基础上由原课题组成员展开深入研究的成果，特此说明并对国家知识产权局高培发展研究平台给予的支持表示感谢。

目　　录

第一章 导 论

第一节 专利运营产生的背景

一、知识资产在市场竞争中作用日益得到重视

知识是人类智力创造活动的结果。知识与实物资产的重要区别在于价值实现路径不同。实物的价值依托于物质载体而存在，所谓"物灭权消"；而知识的价值不受物质载体的限制，即使某一物质载体消亡了而仍然可以依托其他物质载体加以体现。同实物资产相比，在理论上，知识资产可以永久持续下去。实物资产的价值大小受市场经济规律的制约，是可以明确度量的；而知识资产价值限度不明确，在创造知识所付出的劳动与它们所产生的知识价值之间没有一一对应的关系。在很多领域，知识往往比承载它的物质载体更有价值。由于知识资产之外观和感觉不具有实物性，知识被人们看成它本身就是一种不同于实物资产的"无形资产"。在知识经济时代，知识资产成为一种重要的竞争性资源，专利等知识产权已经成为含金量最高的资本。

专利运营将专利与现代企业相结合，将专利权与产业进行联姻，进而推动产业结构优化升级，导航产业高端发展，促进企业提升核心竞争力。专利运营是当今知识经济发展和经济全球化背景下知识产权发展的必然方式，体现了资本理论由实物资本的一

元资本论，向实物资本和人力资本的二元资本论演进，再到实物资本、人力资本和知识产权资本的三元资本论的发展。

　　企业等市场创新主体要认识到专利是一种可以经营且可以反复使用的资源。日本企业已把专利知识产权列为人、财、物之后的"第四经营资源"；在美国，则把专利知识产权视为维护美国技术边界的重要的"国家资源"。知识竞争的实质体现为知识产权的竞争。从企业经营管理的角度来说，运用知识资产参与市场竞争的表现形式为由静态的技术层面上升为动态的运用层面，继而体现为企业战略层面。企业的技术、运营能力和战略本领这三者决定了企业在市场竞争中的优胜地位。就上述三个层面上来说，专利权运营以专利技术为基础，以企业专利战略的实施为目标，专利运营是发挥知识资产竞争优势的关键手段。为了实现自身知识产权利益的最大化，企业通过建立技术标准、构建专利池、建立专利联盟、进行专利并购、开展专利诉讼等多种方式，加强知识产权运营管理。

二、专利运营日益成为实现专利制度立法宗旨的重要手段

　　各国专利法无一不以保护专利权和促进技术推广利用为立法宗旨。作为一种对知识产品进行的有效产权制度安排，一方面，专利制度通过授予发明创造的专有权，为权利人提供了最经济、有效和持久的创新激励动力，保证了科技创新活动在新的高度上不断向前发展，从而促进了创新成果所蕴含的先进生产力的快速增长。另一方面，专利制度通过规范产权交易，促进知识、技术的广泛传播与利用。依照经济学的供给与需求理论，智力创造活动也是一种生产活动。精神生产的目的同样是实现交换，只有经过交换才能获得各类物品的最佳组合，达到效用和利益的最大化。对于新技术的商品化和市场化而言，产权交易成为专利运营

的重要途径之一。正如理查德·罗纳德森等在《激活知识产权》一文中认为，在现代经济中知识产权被看做利润来源的一部分，成功的知识资本管理应当从应用技术和在商业上制造而使技术商业化转变为从出卖、许可、合资、战略联盟、与目前业务整合和捐献六种途径获取利润。发达国家的企业、中介组织和政府十分重视知识产权作为知识资本的运营管理，创新知识资本的商业化模式以获取利润。除了理查德·罗纳德森提到的六种途径以外，业界所称"专利海盗❶"（patent troll）模式也被视为专利运营的典范商业模式。"专利海盗"公司均为非实际利用专利的实体，以获取有经济价值的专利为前提，通过采用不对称优势从目标公司获取许可费，以及向特定种类的公司发起诉讼攻击等主要手段，获得巨大利润。高智发明公司的模式同样是将专利视为可以投资获取高额利润的高价值资产，通过融资建立发明基金，进行发明和投资发明，通过建立专利池、专利联盟、采取专利许可、专利诉讼等方式，将专利变为流动性资产。patent troll 模式在全球范围内蓬勃发展。例如，私募基金公司——海拔资本合伙机构通过海量收购专利，通过其成立的诺曼知识产权控股公司对全球兄弟、力蒙两大打印机企业，以及宝马、台湾国际航电、佳能、富士等全球巨头发起专利侵权诉讼。除诺曼知识产权控股公司外，Lodsys、知识产权风险公司通过囤积专利，发起针对大公司的专利诉讼，是近期比较活跃的 patent troll。

---

❶ "troll"一词来自北欧的斯堪第纳维亚半岛，原意是"怪物""居住在洞穴内的巨人""蟑螂"等。在英特尔公司与 TechSearch 公司的专利侵权诉讼案中，英特尔的前首席法律顾问助理彼得·迪金森（Peter Detkin）用"Patent Troll"形容 TechSearch 公司以及其代理律师 Raymond Niro。该词是对那些"希望凭借专利权获取与其专利权地位不相称的巨大利益，而不是以解决问题为目的"的人或组织机构的非善意总称。在国内，除了"专利海盗"，"patent troll"还有多种翻译形式，常见的有"专利蟑螂"、"专利巨怪"、"专利流氓"、"专利钓饵"等。

三、促进专利运营成为政府的重要政策导向

由于专利运营往往与国家的产业竞争利益密切相关，发达国家或地区往往将专利运营策略上升为国家层面的知识产权运用策略。例如，就技术标准战略来说，在日本 2011 年战略推进计划中，日本加大在智能电网、电动汽车和家用机器人等领域的研发，并以获得国际标准为目标，制定相应的技术标准国际化战略，在全球范围内推广日本的优势技术和提高高技术产业的国际竞争力。韩国建立以进攻性为主的专利管理公司实施国际知识产权战略，通过积极检索、购买核心技术，抢注或收购专利，防止核心技术尤其是韩国核心技术被国外竞争对手抢先收购。这种进攻性战略对于保护韩国经济安全有重要作用。自 20 世纪 80 年代以来，美国的公司，尤其是高技术公司，越来越多地将专利诉讼作为公司的一种经营策略和经营手段，以最大限度地打击竞争对手，保护自己的优势地位。以高智发明公司为代表的"专利海盗"现象在美国得到了各方的关注，从而被提到政策制定者面前。苹果收购北电专利资产、谷歌收购摩托罗拉及其逾万件的全球专利资产、微软收购美国在线 800 多项专利及相关应用程序等近年来发生的一系列专利收购案，都证明了以专利交易为核心的专利运营市场日趋繁荣。这一方面标志着知识产权作为企业重要资产，其价值逐渐为产业界所认知；另一方面也促使政府从规范市场垄断行为和对知识产权权利行使进行限制的角度出台相应的政策策略。基于专利并购对国内市场以及国家经济安全产生的重大影响，美国等屡屡以安全为由限制他国企业的海外并购。美国 2010 年颁布修订的《横向并购指南》被视为加强市场监管和促进国内外市场准入以鼓励创新的政策和策略。我国于 2008 年 6 月颁布实施的《国家知识产权战略纲要》确立了"激励创造"、"有效运用"、"依法保护"、"科学管理"的 16 字方针，标志着

我国知识产权制度的战略重心从保护阶段进入创造、运用、保护和管理并重的阶段。《国家知识产权战略纲要》并没有将知识产权战略单一地界定为"保护"战略，而是旨在同时提升知识产权的创造、运用、保护和管理能力。国家知识产权战略注重知识产权运用，将知识产权"运用"放在知识产权"保护"之前，体现了市场经济的导向。从市场关系的角度来看待知识产权的创造、运用、保护和管理，市场主体获取知识产权、运用知识产权、维护知识产权皆出于自身利益最大化的考虑，在本质上使知识产权回归到私权的内涵，也有利于促进政府职能由"管理型"向"服务型"转变。从国家知识产权战略指导思想来看，获取知识产权不是目的；保护知识产权也不是目的；促进知识产权运用，使知识产权转化为企业的市场竞争力，从而提升国家核心竞争力，才是最终目标。在《国家知识产权战略纲要》的指引下，我国相继出台了一系列规范和促进专利运营的其他政策性文件，如《专利权质押登记办法》等。

第二节 国外专利运营的发展

一、专利运营的产生和发展

（一） 专利运营出现及发展原因

专利运营现象以及专利运营公司产生于美国，在美国的出现并非偶然现象，应该说是美国长期重视专利权保护、资本逐利等诸多因素共同推动的结果。事实上，如果把恶意提起诉讼以获得高额专利许可费认定为专利运营现象的存在，那么早在一百多年前，美国就出现了专利运营现象。1827 年，迈克尔·威瑟斯获得了"有翅膀的轮轴"的专利，这种所谓的"有翅膀的轮轴"是一种用做连接水轮和它所驱动的轴之间的金属零件，通常由铸铁制成。尽管这种零件在威瑟斯提出专利申请之前已经存在了几十年甚至更久，但是专利审查员在授予专利之前并没有试图验证威瑟斯的发明声明，仅仅是检验文件是否齐全即授予了专利权。当威瑟斯开始逼迫磨坊主购买专利许可证时，这些磨坊主非常愤怒，因为他们清楚，这个零部件他们已经使用了几十年。但是威瑟斯在要求磨坊主们支付费用时进行了精心的准备，他总是选择在磨坊主费力地组装完水轮时才向他们声称自己是轮轴的专利所有者，磨坊主们将面临支付专利使用费或者拆卸笨重的设备的选择，很少人有力量去寻求法律斗争。但是，如果一个磨坊主看起来可能会采取行动对他的行为进行斗争，威瑟斯即会转向下一个目标。类似威瑟斯的行为越来越多，最终引起了当时的美国专利主管威廉·桑顿的关注，他通过当时的报纸谴责威瑟斯，并拒绝向威瑟斯的代理商颁发专利文件的副本。1836 年，当专利期限邻近时，威瑟斯起诉桑顿在报纸上的谴责造成了对他的诽谤，桑顿则谴责威瑟斯的专利欺骗了全美国的公众。这种混乱的争论使美国政府深感不安，司法部长、国会甚至总统都卷入了这场争端。这场关于专利的辩论使美国专利制度发生了根本性的变化，专利申请人不再像过去那样只要声明发明了某项产品即可获得专利授权，而是必须撰写详细的专利说明书，阐述他们发明的内容以及该项发明具有创新性和实用性的理由。

我们可以看到，当前在美国出现的专利运营现象只不过是精明的商人利用严厉的专利保护制度逐利的表现。专利运营者同样也只是新时期的威瑟斯而已。但是，在专利制度平稳运行一百多年之后，美国社会中专利运营现象日益广泛却是有其真实的社会背景的。综合起来，这些大的背景包括专利制度本身运行的因素，以及 2000 年左右互联网泡沫破灭之后大量高科技公司倒闭等影响，如图 1-1 所示。

图1-1 专利运营在美国出现及发展的原因

1. 专利丛林现象为专利运营资本积累提供便利

专利丛林现象是指相互交织在一起的专利权组成了一个稠密的网络，任何一项专利技术的应用或者相关新产品的推出，都必须获得大量专利权人的允许，这种情况就好像穿越丛林一般。在许多情况下，产品的生产制造者无法获得全部专利权人的允许，造成专利使用不足的问题，导致社会资源的浪费。

专利丛林现象是随着专利数量的增长，特别是改进型专利的膨胀，专利分布结构从离散型向累积型转变的结果。在离散型专利分布结构下，一种商业化的产品对应着一项或者少数几项专利，且这些专利多数由一家公司持有，故产品的商业化过程同时也是专利权人实施自己专利的过程，专利权人不需要再另外获得其他权利人的许可；而在累积型专利分布结构下，一件产品的商业化往往是多个专利的组合实施，大量的权利人分别对用于一件产品的若干技术拥有专利，产品的商业化往往需要获得多个专利权人的许可。尤其是所谓的"基础性"专利更是对产品的商业化起到决定性影响。

发生专利丛林现象最严重的领域是计算机、集成电路等技术领域，包括其中的硬件和软件，一件产品往往需要同时实施数十项甚至上千项专利。最为著名的例子是计算机微处理器，围绕该产品的专利达 9 万多项，分别由 1 万多个专利权人所持有。专利丛林现象符合所谓的"反公地悲剧"理论❶，其中的原理是任何一项专利权人都能对整个产品相关专利的使用施加决定性影响。由累积型专利分布形成的专利丛林现象为专利运营主体获取能影响产品制造和生产的专利提供了便利。

2. 互联网泡沫破灭既提供运营资本也营造良好的思想土壤

互联网泡沫又被称为网络泡沫❷，是指 1995～2001 年发生在欧美及日本等发达国家的投机性泡沫。1994 年，随着 Mosaic 浏览器以及万维网络的出现，互联网开始引起人们的注意；到

---

❶ 1998 年，美国黑勒教授（Michael A. Heller）在"The Tragedy of Anti-Commous"一文中提出"反公地悲剧"理论模型。他说，尽管哈丁教授的"公地悲剧"说明了人们过度利用（overuse）公共资源的恶果，但他却忽视了资源未被充分利用（underuse）的可能性。在公地内存在很多权利所有者，为了达到某种目的，每个当事人都有权阻止其他人使用该资源或相互设置使用障碍，而没有人拥有有效的使用权，导致资源的闲置和使用不足，造成浪费，于是就发生了"反公地悲剧"。知识产权保护、国企的多头管理等都是"反公地悲剧"的典型例子。参见孙璐："强弱之界：专利权保护的选择"，载《电子知识产权》2005 年第 8 期。

❷ 又称科网泡沫或 dot 泡沫，在欧美及亚洲多个国家的股票市场中，与科技及新兴的互联网相关的企业股价高速上升的事件，在 2000 年 3 月 10 日 NASDAQ 指数到达 5132.52 的最高点时到达顶峰。在此期间，西方国家的股票市场见证了其市值在互联网板块及相关领域带动下的快速增长。这一时期的标志是成立了一群大部分最终投资失败的，通常被称为"COM"的互联网公司。股价的飙升和买家炒作的结合，以及风险投资的广泛利用，创造了一个温床，使得这些企业摒弃了标准的商业模式，突破（传统模式的）底线，转而关注于如何增加市场份额。

1996 年，对大部分美国上市公司来说，一个公开的网站已经成为必需品。人们最初只是注意到互联网具有免费出版以及即时世界性资讯等特性，但逐渐地，人们开始适应了网上的双向通讯，并开启了以互联网为媒介的直接电子商务以及全球性的即时群组通讯。这些特性以及相关商业概念吸引了大量技术人才投身其中，他们认为这种以互联网为基础的新商业模式将会兴起，并期望成为首批在新商业模式中赚取钱财的人。这种可以低价在短时间内接触世界各地数以百万计客户、向他们销售及通讯的技术，使传统商业信条如广告业、邮购销售、顾客关系管理等因而改变。互联网成为一种新的最佳媒介，它可以即时把买家与卖家、宣传商与顾客以低成本联系起来，带来了一种在数年前不可能实现的商业模式，并引起风险投资基金的注意。

而这时候的风险投资商也为新时代的各种技术突破所诱惑，改变了过去多年所坚持的谨慎手法。互联网对于投资者来说过于新奇，没有人能够预期哪种模式、哪支团队能够赢利，因此他们在同样的商业模式中选择多个团队进行投资，由市场来决定胜出者。同时，1998～1999 年，美国超低的利率政策，使得投资的成本非常低廉，故大量的投资人涌入互联网行业，一个团队只要在投资人面前讲出其想法即可获得大量的投资。这样，在世界各地一夜之间冒出了无数的互联网公司。同时，由于互联网公司可以极低的代价获得投资，在这类公司内部不知不觉养成了大手大脚的内部开销习惯，包括为员工提供豪华假期、支付高管和员工股票期权、积极投资上市等。正是在这股风潮的吹动下，当时的纳斯达克指数在 2000 年 3 月迅速攀上了有史以来最高的 5048 点，许多人在公司上市之后一夜之间成为百万富翁，而其中的许多人又把他们的新财富投资到更多的网络公司上面。2000 年 3 月 18 日，随着领头羊公司如思科、微软、戴尔等公司的股票出现大量卖盘，纳斯达克出现了崩盘，大量的互联网以及周边公司被清盘。

随着许多互联网公司的破产，将知识产权看做一项高价值资产的趋势逐渐得以确立。许多破产公司掌握着大量有价值的专利，凭借这些专利，这些破产公司能够对使用过其技术的大公司发起专利攻击。同时，一些有价值的专利在破产公司中被以低价出售，出现了专门收购这些专利的公司。在银行将专利的保险、销售、评估以及投资等行为逐渐与普通财产一样看待之后，关于专利是一项私人财产权的观念达到了顶点。在经济领域，专利与普通财产权相同的命运得到了保证。同时，在从互联网泡沫中出逃的资本的推动下，人们对待专利的观念也在发生变化，过去认为专利的价值取决于谁拥有它的思想被抛弃。专利权人可以随意为实现自己利益的最大化处置专利的观念得以确立。互联网泡沫的破灭既为专利运营公司的大量出现提供了足够的低价但使用范围广泛的专利技术，同时也为这种现象的出现提供了良好的思想土壤。

3. 亲专利政策为专利运营发展提供环境支撑

从 20 世纪 80 年代开始，美国为了提高本国科研能力对经济发展的促进作用，实施了亲专利政策。具体表现在以下方面：

一是扩大专利主题范围。通过判例法把可专利主题扩展至生物体、遗产基因、计算机软件和商业方法。例如，在 Diamond 案中，判决生物体具有可专利性，并提出著名的"阳光下，人类一切创造物均可专利"的谚语。在 State St Bank 案中判决计算机软件具有可专利性等。二是强化专利权的排他效力。1988 年修订专利法时，规定专利权人有权拒绝许可，并可以在许可时随附搭售条件。三是加强专利侵权的禁令救济。1984 年美国联邦巡回上诉法院成立以后，该法院提出，当法院判定侵权成立时，签发永久禁令是一般规则，或者说自动签发永久禁令，除非存在拒绝永久禁令的充分理由。四是提高损害赔偿水平。在 State Industries 案中，在无法证明"如果不"因果关系的情况下，允许权利人按照市场份额计算所失利润；在 Rite-Hite 案中，允许把未被专利所覆盖产品上的利润损失计入赔偿额度；在 King Instruments 案中，允许在被侵权专利没有实施的情况下按其他非专利产品的利润损失计算赔偿额度。五是亲专利政策。尤其是随着联邦巡回上诉法院的成立，侵权诉讼中侵权成立判决比例的大幅提升（从美国联邦上诉法院成立之前的大约 20%，提高到超过 70%）、自动签发永久禁令、提高损害赔偿额度等司法实践，为专利运营主体对大型生产制造企业发起专利攻击提供了足够的刺激。

近年来，"专利运营"在美国不再是孤零零的个别现象，而是逐步发展成为一个产业，并把业务的触角伸向美国之外的其他国家。推动其成为一个产业的主要力量有两方面：一是"专利运营"的赢利模式吸引了资本的注意，一批精英人士投入这个行业；二是美国司法界出于维护专利权绝对权利地位的目的，对"专利运营"的看法转向中性，除了采取一些消除消极影响的措施之外，对"专利运营"实体持中性看法，使该群体获得了中性的发展环境。可以说，美国特殊的程序法、证据法、专利法体系催生了一大批高智发明公司这样的专利运营公司，它们对于塑造世界科技、商业生态功不可没，有可能成为世界专利新秩序的主要缔造者。

（二）　美国专利运营的主要情况

近两年来，专利运营公司巨大的赢利能力吸引了大量的资本进入该领域，专利运营发展成为一个产业，产生一些影响力较大的实体。阿凯夏公司是一家在美国市场上最为活跃的专利运营实体，成立于 1992 年，创始人 Paul R. Ryan 担任该公司的首席执行官和董事会主席。该公司目前约有 150 名员工，管理着约 150 项专利组合，涉及的技术领域主要包括医药及电子行业，2009

年的营业额在 6000 万美元左右。2003 年，该公司股票在纳斯达克市场上市，成为第一家公开上市发行的专利运营公司，发行约 22 万股。❶

　　值得提及的是新近把业务扩展到中国大陆的高智发明公司。高智发明公司由美国微软公司两位前高管内森·米尔沃德、爱德华·荣格联合创办于 2000 年。公司下设三支基金 Intellectual Science Fund（ISF）、Intellectual Investment Fund（IIF）、Intellectual Development Fund（IDF），分别用于投资公司内部科学家的发明创造、收购有市场前景的其他公司专利以及投资公司外部发明人。这三支基金的主营业务虽然各有所侧重，但终极目的都只有一个：获取专利并形成高价值的专利组合，许可、转让这些专利收取费用。目前进入中国开展业务的主要是 IDF。

　　高智发明有着雄厚的资金实力，投资者中不乏微软、英特尔、索尼、诺基亚、苹果、谷歌等世界知名企业。截止到 2008 年 12 月底，高智发明在全球范围内共投入 50 亿美元，掌握了 1.2 万件专利，在世界各地拥有约 400 名雇员，吸纳了众多计算机科学家、物理学家、生物学家、数学家、工程师、风险投资家、专利律师等专业人士加盟其中。从 2007 年 9 月起，高智发明启动了其亚洲业务，在新加坡设立了地区总部，在日本、韩国、中国、印度建立了分支机构。

　　在美国，业界对高智发明的担忧是这家资金实力雄厚、拥有众多高端人才的公司有可能演变成巨大的"专利海盗"。高智发明一个举足轻重的业务是收购专利。2002 年，当米尔沃德和荣格首次为高智发明融资时，他们的口号是"帮助大型技术公司保护自己不受知识产权侵权案的干扰"。按照计划，高智发明将收购那些可能产生威胁的专利，而投资者则会获得整个专利组合

---

❶　数据来自纳斯达克市场分析。

的特许使用权。这是一个完美的商业投资、融资方案。但部分技术公司的高级经理人看到了潜在的威胁。人们担心，高智发明会利用收购来的专利对付那些拒绝向其投资的公司。尽管高智发明对向其投资的公司进行保密，但有人相信某些投资人正是出于上述担心而被迫向高智发明投资。而这些是"专利海盗"的典型操作手法。

随着专利运营公司数量的日益增多，由专利运营公司发起的专利诉讼在美国全部专利诉讼中所占的比重日益增大，如图1－2所示。据 Patent Freedom 公司统计，近两年来，由专利运营公司发起的专利诉讼约占全部专利诉讼的比例在13%左右。

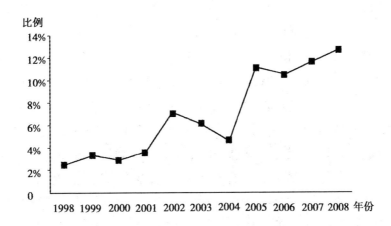

图1－2 专利运营公司发起的专利诉讼占
全部专利诉讼的比例变化

（数据来源：Patent Freedom，2010年1月1日）

虽然13%这个数字并不是很大，但是要考虑到这样一个因素：前面已经提到专利运营公司选择目标公司是经过仔细的考虑和斟酌的，因此能真正被法院受理并最终经过法院审理的案件必然占专利运营公司引起专利纠纷的少数。而真正在法院与专利运营公司较量并完成全部诉讼程序的主要是那些业界的翘楚，如谷歌、微软等公司。因此，这些公司的专利侵权诉讼必然引起社会的广泛关注，并引起人们对专利制度的仔细考虑。美国 2005 年专利法的修订，明确说明考虑了专利运营现象的泛起即为专利运营公司所发起专利诉讼影响增大的证明。

随着专利运营公司在美国专利制度运行中的影响增大，引起了一些大型公司的警惕，一些资本即看到了这里存在的商业机会，出现了替这些大型公司对付专利运营公司的反专利运营公司。RPX 公司算是第一家反"专利海盗"的专利运营公司，该公司成立于 2008 年。该公司创始人表示，他们的存在就是为了应对专利运营公司及其带来的专利辩护以及诉讼高成本和高风险。

RPX 公司的主要业务是收购那些有可能给厂商带来麻烦的关键专利，或者说是预防专利，把这些专利纳入其保护性专利收集计划（Defensive Patent Aggregation）。RPX 公司收集到的专利会全部授权给其会员，并向会员收取年度使用费。现在，RPX 公司有 49 位会员，很多都是国际知名公司，如 Acer、戴尔、HTC、IBM、英特尔、微软、LG、诺基亚、Palm、松下、三星、夏普、索尼和 TiVo 等，它们当中不乏曾屡次遭遇专利运营公司骚扰的大型企业。目前 RPX 公司持有 3000 余项专利，涉及的领域有移动终端、REIF 技术、电子商务、数字投影和显示技术、半导体、互联网搜索等。RPX 公司的会员年度会费从 4 万美元到 520 万美元不等。RPX 公司规定会员可以享有以下权利：与RPX 公司达成不起诉合约，短期许可合同以及预防专利库等。

在专利运营公司专注于搜集那些可能被侵权的专利的同时，RPX 公司也在做同样的事情，但是它们的目的显然是有一定程度的区别的。前者是为了收取许可费，甚至恶意提起诉讼，它们的存在增加了企业的风险以及成本；而后者是为了预防，避免企业可能面临的高额诉讼以及专利使用费。

但是 RPX 公司的存在并不能消除人们对其演变为专利运营公司的怀疑。主要理由之一在于，如果 RPX 公司收集到对其非会员不利的专利，RPX 公司会采取何种措施，会不会以诉讼为威胁要求对方成为自身的会员，并要求对方缴纳会员费？事实上，高智发明公司成立时即带有类似的目的，即通过成立基金收购或者自己研发相应的专利技术，使基金投资人免受专利运营公司的困扰甚至从它们基金投资获得的专利当中受益。但是，人们仍然质疑高智发明公司在召集基金投资人时采取了诉讼威胁手段，许多大型公司即为避免被高智发明公司告上法庭，而向其掌管的基金进行投资。

另外，Verizon，思科，谷歌，爱立信，惠普等公司发起成立并以会员制运作的 Allied Security Trust 公司（简称 AST）也具备一定程度的反专利运营性质。只不过该公司是一家半开放性质的公司，成为该公司会员须具备某些特定条件，加入会员须先缴纳 25 万美元会员费及 500 万美元专利购置费。

随着一些新兴国家科技的进步和产业的发展以及国内市场的扩大，发源于美国的专利运营将业务拓展到其他国家。例如，2010 年年初，高智发明公司在中国设立办事处。事实上，其他公司如注册在意大利的 Sisvel 公司早在 2006 年即与中国的华旗资讯开展合作，借助 Sisvel 公司的业务开展能力，把华旗资讯公司的专利影响力辐射到全世界。

二、国外专利运营的特点

专利运营的特点，主要包括五个方面，如图 1-3 所示。

（一）专利运营主体广泛

国外展开专利运营的主体既包括企业、高校、科研院所等创新主体，也包括专门从事专利商品化、资本化的服务性中介组织。目前国外进行专利运营的公司既包括以增加知识产权市场价

图1-3　国外专利运营特点

值为主要目的的知识产权管理公司，代表公司有英国 BTG、美国 UTEK；也包括为谋取专利的"独占许可权"的公司，如以专利让授为主的公司、"专利海盗"型公司、为对应"专利海盗"而产生的"反制自保型公司"、以会员制运作的 AST 公司。从规模上看，既有大型公司、小型公司，也有专利独立发明者；从资本来源看，既有附属于母公司的组织部门，又有独立的专利运营公司。

大量专利中介机构涉及专利运营，甚至出现以专利运营为主业的机构，形成了相当发达完善的专利服务产业链，包括专利律师、专利交易所、无形资产评估、专利教育与培训、专利保险公司、专利信息服务体系等。西方国家资产评估业务发展较早，对专利定价开展也较早，专利的定价主体包括行政机关、行业专家和评估机构。以美国为例，美国的专利评估活动广泛存在于高技术产业以及企业经营、技术转移、法律诉讼、公司兼并等经济、技术和社会活动中，因此其价值评估是完全市场化的。除了专门的评估机构外，通过律师事务所或者财税咨询公司为买卖双方进行评估也是常用的手段。日本的知识产权评估则通过专门的技术评估分委员会进行指导，形成了以外部评估为主的评估机制。在评估主体上既包括日本政府对制度的科技审议会，也包括研究开发机构、专业评估机构等。

截止到 2004 年年底，美国有专门的专利经营企业 1000 家，欧洲有约 400 家。BTG 公司、InterDigital 公司是专业的知识产权贸易公司。它们负责专利的授权后经营，对获得的收益，它们一般和权利人五五分成。BTG 公司一度拥有 8500 多项专利，覆盖 300 多个技术领域，每年收益有时超过 1 亿美元。根据 Patent Freedom 公司的调查，截止到 2010 年 4 月 1 日，Patent Freedom 公司分析并整理出了超过 325 家可以被称为专利运营的公司，并且这个数目仍然在增长（2009 年它们统计的数字是 200 家）。自 1985 年以来，这些专利运营公司参与了超过 3100 件专利诉讼案，涉及 4500 家不同的公司。

（二）　专利运营方式多样

国外企业将拥有的有效专利或专利技术进行策划、分析、收购、集成，形成面向产业的专利组合，并通过转让、许可、投资、诉讼等模式实现专利的经济价值。近十几年间，专利运营与经济、金融、法律、科技等日趋融合，专利运营的商业模式也不断推陈出新，特别是专利货币化在国际上已经不再是停留在书本上的抽象概念，而是日渐成为一种常规化的商业实践，进而导致专利运营在西方发达国家已形成一个相对完整的产业链。在其中担当主角的，不仅有类似高智发明公司这样的大型发明投资基金，也有众多如 Logic Patents 这样的中小型专利运营公司，还有以知识产权经纪业务见长的 ICAP 专利经纪公司，专门为企业充当专利"保护伞"的 RPX 公司，知识产权管理方案服务提供商 UBM TechInsights 以及 IPXI 这种综合性交易平台等。无论它们以何种方式进行专利运营，其商业目标都只有一个，就是实现专利价值的最大化。

（三） 专利运营领域集中

专利运营公司选择进入某一个领域受到许多大的环境影响，首先是这些公司自身的发展经历（许多专利运营公司收购的专利来自在网络泡沫中破产的互联网公司，故专利主要集中于计算机以及互联网、软件等领域就不足为奇了）以及大的经济运行规律，其次是技术自身的一些特性（在电子、芯片技术领域专利技术的叠加程度更高）。Patent Freedom 公司将所有专利运营公司拥有的近 4500 项同族专利和申请进行了分类，分成了不同的产品领域，还包括在这些技术领域截至 2009 年 9 月底所发生的专利诉讼数量，见表 1 - 1。从该表中可以看出，在这些领域的企业更容易遭受专利运营公司的威胁。从这些公司所在的产品领域也比较容易看出专利运营公司所关注的技术领域。从表 1 - 2 也可以看出，遭受专利运营公司威胁的主要是一些大型公司，但这并不意味着专利运营公司对中小型企业不关注。这些中小型企业放弃在法庭上的抗争，选择与专利运营公司庭外和解应该是主要原因。因为在美国，专利侵权诉讼的高昂成本通常使得在法庭上抗争到底并非一项经济的选择。

表 1 - 1 专利运营公司持有专利的主要技术领域

Category	Patent Families	NPEs	Litigations
Computing	46	67	233
Imaging	91	19	174
Consumer Electronics	425	59	150
Software Applications Market	640	104	490
Software Applications Development and Deployment Market	244	60	169
System Infrastructure Software Market	529	85	262
Communications Equipment	599	78	428
Wireless	376	53	194
Components	424	56	90
Semiconductor	1902	104	841
Communication Services	589	73	313
Chemicals	27	5	1
Energy & Environment	18	10	3
Consumer Goods	58	19	13
Industrial Manufacturing	66	24	10
Medical Devices, Pharma & BilTech	195	18	14
Financial Service	3	2	3
Retail	2	2	1
Miscellaneous	57	18	27

（数据来源：Patent Freedom，2010 年 1 月 1 日）

表 1-2　遭受专利运营公司威胁次数最多的公司排名

No.	Company Name	2004	2005	2006	2007	2008	2009	Total
1	Apple	4	3	3	12	13	21	56
2	Sony	4	7	5	10	12	17	55
3	Dell	4	3	8	10	8	17	50
4	Microsoft	3	5	6	12	13	10	49
5	HP	6	3	5	10	11	13	48
5	Samsung	5	4	8	14	11	6	48
7	Motorola	1	6	4	12	14	9	46
8	AT & T	2	2	6	17	10	7	44
9	Nokia	2	7	3	10	9	11	42
10	Panasonic	6	8	4	6	5	11	40
11	LG	—	7	3	12	9	8	39
12	Verizon	3	3	3	14	7	7	37
13	Toshiba	5	5	4	9	5	8	36
14	Sprint Nextel	2	3	3	11	8	7	34
15	Google	3	1	3	10	7	9	33
16	Acer	2	3	4	7	8	7	31
16	Time Warmer	2	6	6	9	5	3	31
18	Deutsche Telekom	—	5	2	12	5	5	29
19	Kyocera	3	6	3	5	5	6	28
19	Palm	1	3	3	5	10	6	28
21	Cisco	—	3	—	13	6	5	27
22	Fujitsu	3	1	3	3	7	8	25
22	IBM	4	1	3	6	2	9	25
24	Intel	1	9	2	1	7	4	24
24	RIM	—	3	2	3	11	5	24
24	HTC	—	—	3	5	10	6	24

（资料来源：Patent Freedom，2010 年 1 月 1 日）

（四）　专利运营人才多样

通过专利运营获得利润在国外企业已达成共识，因此在企业中配备专职专利管理人员也比较普遍。国外很多大企业都设置专门的专利管理部，负责协助技术人员取得专利和分析专利情报。例如，日本三菱公司的专利部设在知识产权总部下方，有130人左右专门从事专利服务工作，其中超过半数具有法律背景，其他的则具有技术背景，其特色表现为一个法律人员搭配一个技术人员。同时，专利部还分离出"专利情报中心"，专门在申请专利或研发之前对现有技术和专利态势进行分析调查。此外，美国IBM公司仅专利工程师就有500余人，德国西门子公司在外围为知识产权服务的人员也达1500人。

（五）　专利运营政策保障

自20世纪80年代以来，美国相继出台了20多部与专利技术转移相关的法律法规促进和推广专利的商业化、资本化运营。以专利质押贷款运作为例，其可以顺利展开的基础就在于一系列健全的法律法规和相应的保障制度。美国专利法、英国专利法、日本特许法和著作权法中都有关于专利质权的条款。

外国政府对专利运营的扶持力度较大。以美国为例，通过实施《联邦技术转移法》、《技术转让商业化法》等法案，推动专利的转移和扩散。日本自20世纪90年代开始奉行"科学技术创新立国"，为此于1998年颁布了《日本促进大学向产业技术转移法》，通过建立将研究成果顺畅转移的中介组织，来加速技术转移。进入21世纪，日本确立了"知识产权战略"，实施"知识产权立国"政策，特别提出利用信托制度促进知识产权管理和融资、建立专利信息的专家咨询系统和专利战略分析系统推动专利市场化进程。

第三节　我国专利运营存在的问题

专利是可以在市场中进行反复多次流通、运营的资源，日本的企业已把专利列为人、财、物之后的"第四经营资源"，美国则把专利视为维护美国技术边界的重要"国家资源"。而在我国，很少有企业将专利作为重要的资源进行管理、经营，主要原因是我国专利运营还存在一系列问题，如图1-4所示。假如我们的企业都能从"资源"的角度认识专利，像重组企业的人、财、物一样运营专利，则不仅会促进专利事业的发展，更会使企业获得质的飞跃。我国目前要进行专利运营还存在如下问题：

图1-4　我国专利运营存在的问题

一、专利运营意识淡薄

目前，我国企业的盈利模式主要为规模盈利和产品盈利两种模式，对通过专利运营实现盈利缺乏认识和行动。这一方面是因为中国缺乏能够开展专利运营的优秀企业家，表现为国有企业在预算软约束的条件下对市场竞争一直都不太擅长，因此缺乏开展专利运营的经验和动力；另一方面是因为企业盈利模式趋同，表现为民营企业由于地位的限制大多处于生存阶段，企业管理者为了生存追求短期行为，更倾向于通过价格建立竞争优势等实现短期利益，这使得市场主体无力进行风险转化和控制，无法开展具有高风险性的专利运营活动。

我国绝大多数市场主体专利运营意识淡薄的深层原因在于对专利制度的本质及其精髓未能全面把握，对专利是一种无形的私人财产这一点缺乏深刻的认识，未充分意识到其必须借助于一定的途径或方式才可能将专利技术所具有的财富或经济内容予以实现。为了充分实现专利权经济效益和社会效益，专利运营的理念应当贯穿于专利申请、实施和产业化的各个环节中。然而，长期以来，人们往往只关注资本的实物形态，而忽视资本的价值形态；只关注有形的物质资本，而忽视专利等知识资本。这种认识严重阻碍了专利权的有效运营。不仅市场主体的专利运营观念落后，而且也未能将专利运营提升到产生规模经济效益的层面。其根本原因在于，专利权对象本身具有不同于有形资本的特征，使得其在专利运营中比有形资本更容易流失，因而专利运营充满更大的风险和陷阱，造成了专利运营事与愿违，先行者迷惘、后行者却步的结果。

二、专利运营方式有限

目前，我国专利运营的商业模式主要集中在授权与技术转移，而多数企业所发动的侵权诉讼仍只是偶然的，与本应是持续获利行为的商业模式相违背。在专利价值体现途径上，人们过去根本忽略了商品化及产业化的形态及效益；而如何以诉讼作为后盾及手段，让权利人获得最大的经济利益或者竞争优势，也是长期以来没有人进行深入研究的课题。事实上，对专利权的操作及研究很少有从商业模式上的探讨，最多只是对各种专利权权能加以解释而已。在此影响下，专利商业运营模式无论是在学理上还是在实务上的发展皆属落后，亦欠缺法规政策以及专业经验的配套支撑。理论上，专利运营往往与专利实施、专利运用和专利利用等相关概念混为一谈。目前，很难找到有关专利运营的相关理论研究，更不用说系统研究专利运营的文献和资料。在实践操作层面，随着国家知识产权战略的贯彻实施，企业知识产权（专利）战略的实施已经取得长足进步；但企业知识产权（专利）工作的重点目前仍然集中在专利申请和授权领域，即注重专利权的静态归属而忽视专利权的动态运作，专利权的经济效益并没有得到最大限度的发挥，亟待突破专利权的现有运营方式，充分发挥专利制度对于经济发展方式转变的重要支撑作用。

三、专利运营基金效率低下

目前，开展专利运营已经成为我国地方政府的大手笔。以北京市为例，原北京市委书记刘淇在 2011 年 8 月作出批示，强调要积极促成"知识产权商用化公司"的试点。2012 年 5 月 3 日，北京知识产权运营管理有限公司成立，启动知识产权商业化的基金达 1 亿元。受北京知识产权运营管理有限公司的影响，我国不少省市也规划设立了本地的专利商业化平台。但从这些专利运营基金的运作效率上来看，不仅还没有能力根据专利权人的需求对个案作出专利攻防行为，也很难对单独的专利进行转让或者许可，更难以在此平台上建立相应的专利池或专利联盟，进行一揽子许可。

四、专利运营外部环境不健全

专利运营外部环境包括专利运营资本环境、专利技术市场环境和相关法律政策环境。我国目前外部环境不完善，无法实现专利交易、抵押等方式的融合，其具体表现如图 1 - 5 所示。

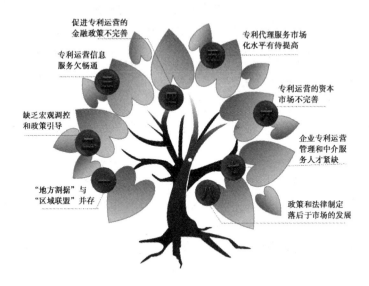

图1-5 专利运营外部环境不健全的表现

（1）"地方割据"与"区域联盟"并存。各地对专利运营和专利运营市场的定位存在差异，如有的地方将专利运营市场定位为非营利的事业单位，有的地方将其定位为营利的企业法人等。这些认识上的差异妨碍了统一的全国专利运营市场的建立。

（2）缺乏宏观调控和政策引导。由于促进专利运营的各项法律法规和政策体系不完善，导致各地专利运营市场发育不全，交易活动不规范，严重偏离了发展产权交易的初衷。

（3）专利运营信息服务欠畅通。各地产权交易市场对于市场交易项目披露的信息在内容、形式和范围等方面没有统一的标准，在平台建设上也相互隔离，构成了拓展专利运营空间的巨大现实障碍。专利运营信息应涵盖知识产权文献信息、法律状态信息、执法维权信息等，目前尚没有建立具备这些综合性信息的服务平台。

（4）促进专利运营的金融政策不完善。主要体现在：第一，知识产权贷款市场和金融借贷市场不规范，风险资本对于专利运营的支持有待加强，尚需大力发展地方小规模风险投资企业，建立国家和省市共同投资的、多方参与的多元化政府创投体系；第二，专利质押融资工作尚未得到全面贯彻，专利质押融资政策有待完善，融资途径需要进一步扩展；第三，促进专利运营的金融政策需要与财政、税收等政策进行统筹协调，例如，对知识产权出资入股、质押融资、托管和证券化等应当结合税收方面的优惠。

（5）专利代理服务市场化水平有待提高。尽管近年来我国专利代理服务取得了长足进步，但是我国专利代理服务体系功能单一，业务范围狭窄，一般以代理企业申请专利、商标等相对低层次的服务内容为主，为企业知识产权战略分析、专利许可转让、产品市场战略、风险评估和预警等高端信息服务能力和水平明显不足，缺乏对专利技术组合进行市场经营和运筹的综合服务系统。

（6）专利运营的资本市场不完善。对专利出资的范围并没有统一，在新公司法中仅采用列举方式规定了出资的范围，正式法律文件没有对可出资专利范围作出明确的规定，容易导致人们在实践中的混乱。我国在2000年才开始知识产权信托业务，时间的短暂性决定了信托公司在处理这类产品时还缺乏深度。这表现在信托公司对专利的管理缺乏市场化的运作，对专利的盈利还聚焦在通过牵线获得中介费，而忽视了信用托管的本质在于以市场为导向提供可出售、可转让的市场行为。对知识产权质押的问题在于没有为知识产权融资提供合适的平台。专利变现能力低，具有较强的专业性，这要求有专业的融资信息平台，以降低质押物价格与市场价值的偏离从而降低风险。现阶段对无形资产进行评估的业务主要涉及固有无形资产的拍卖、转让、兼并、产权转让和清算，其中涉及的专利领域工作还是有限的。专利资产评估是对专利权价值的科学判断和衡量，是专利运营的重要环节。目前专利价值评估主体单一，评估与市场脱节严重。

（7）企业专利运营管理和中介服务人才紧缺。随着专利事业的蓬勃发展，专利运营人才趋紧的问题越来越突出，其中尤以企业专利运营管理人才和中介服务人才最为缺乏。企业中既懂技术又善于运用各种专利法律法规、能胜任企业专利运营管理事务的复合型人才严重不足。相关数据显示，绝大多数大型企业都急需专利工程师。懂国际规则的高层次人才更是稀缺。现有知识产权专业人员的规模和水平与企业专利运营需求相去甚远。

中介组织在资本运营活动中承担着提供信息、咨询、账务处理、资产评估、融通资金等作用。如果没有中介组织，或者中介组织不规范，则资本运营活动都是不可能顺利进行下去的。目前，我国市场中介组织不但数量较少，从业人员素质也不高。专利运营的中介服务人才不仅要具有广泛的金融、证券、税务、财务、法律、经营管理等方面的知识，能够熟练运用各种金融工具和管理手段，而且要具有企业家的市场洞察力和处理各种复杂事务的能力和谈判能力。然而，我国这方面的人才严重短缺，这也是我国企业专利运营难以走向规范的一个重要原因。

（8）政策和法律制定落后于市场的发展。专利运营具体过程的相关法律法规一直缺乏，这一方面使得开展专利运营的主体缺乏具体的规则指引而徘徊不前，另一方面也使得更多专利被束之高阁，不能充分运营。目前，我国正处在向市场经济转型的阶段，现有的政策和法律相对于市场而言比较落后。从现有的知识产权制度来看，在具体立法和相关政策方面过多强调知识产权制度的保护功能，对知识产权的创造、管理和运用（包括转让、转化等）缺乏行之有效且操作性强的规定。不论是国内层面还是国际层面，特别是国际知识产权制度，多强调"重保护，轻转让"的意识，注重静态的保护和确权制度，而忽略了动态的流转制度的确立，即忽略了将智力成果转化为巨大价值的转让和许可等制度的确立，浪费了大量的技术资源，阻碍了专利运营意识的培育和发展。《科技进步法》和《促进科技成果转化法》作为促进科技事业发展的基本法律和配套实施法律，其规定的内容大多是科技进步的某一方面的法律原则，属于原则性或政策性的规定，缺乏促进科技成功转化和运营的具体、可操作性措施，相关立法条文过于原则抽象，难以在全社会形成专利运营意识。

虽然我国在专利运营方面还存在许多问题，与国外相比还存在很大的差距，如图1-6所示；但是随着专利事业在中国的发展，各种商业模式日趋成熟，这正是机会所在。如果能将专利运营的意义、特征、要素、步骤、流程等融会贯通，并且选择值得投入的产业或者组织，充分梳理专利的创造、保护、管理、运用的各个阶段，创造独特的商业模式，则专利的无形价值将会得到市场的出口，真正使知识成果转化为经济效益。

比较类别	国内现状	国外（发达国家）现状
专利存量质量	存量较多，但是质量差强人意	存量较多，质量也较高
专利定价主体	具有评估资格的资产评估机构	多元化，包括行政机关、专业专家和评估机构
交易市场比重	交易量较小，在证券等金融市场占比较低	交易活跃，在证券等金融市场相对较高
专利中介业务	专利中介机构涉及运营业务的较少	大量涉及，甚至出现以专利运营为主业的机构
企业人才配置	较少专职人员，现有专职人员中经过系统培训的较少	配置专职人员企业较多，专利人员进行过系统培训
运营专利获利	获得利润和竞争优势意识不强，停留在产业化阶段	成为利润和竞争优势的重要手段，总经济价值大
运营法律条款	针对专利运营的法律条款尚未颁布	针对专利运营的法律条款较多
专利运营方式	集中在有限的几种，较为单一，规模也并不大	发达的金融市场推动专利运营方式多样化
专利运营主体	主要是企业	专利运营主体多元化
运营风险意识	风险意识不强，没有充分认识到运营不当的负面影响	专利蟑螂发展到一定阶段，产生一定的负面影响

图1-6　我国专利运营与国外专利运营比较

专利运营应系统、有机地将专利财产各类业务与企业各经营层面同步交叉联结，进而并行整合，以产生有形财产和无形财产的综合效益；并进一步借由各优质专利在全球主要国家或地区建立专属地盘及产业关键位置，甚至是参与技术标准的制订和专利联盟的组建，并据此收取权利金、赔偿费或转让价金，或为交互授权，或为作价投资转为股份而参与新企业的投资或经营。要实现这些经济利益和商业效能，专利运营的客体——专利权必须建构在产业发展、产业链、价值链、供应链、技术结构、产品组合、营收结构、规模经济及全球竞争的基础上。只有如此，专利财产才有可能跳出纯法律思维的框架，而有效地运营和发展出与有形财产等值或超值的无形财产。

第二章　专利运营基础

第一节　专利运营的概念

一、专利运营的含义

管理学上将"运营"限定为为了实现价值最大化而进行的资源配置和经营运作的活动。经济学认为各种生产要素只有通过运营才能实现价值最大化；而所谓"运营"是指以要素最大限度增值为目的，对要素及其运动在市场配置的基础上所进行的运筹和经营活动。它有两层意思：第一，运营是市场经济条件下社会配置资源的一种重要模式，它通过某种层次上的资源流动来优化社会的资源配置结构。第二，从微观上讲，运营得以实现的前提是尊重和利用市场法则，通过对运营客体的技巧性运作，实现价值增值、效益增长的一种经营模式。

专利权作为一种法律赋予的无形财产权，可以作为生产要素直接参与到生产、经营活动中，并加以量化，因此可以通过运营模式获得经济效益。将"运营"概念运用到专利领域，所谓专利运营是指运营者将专利权作为投入要素直接参与到商业化运筹和经营活动中，通过专利资本的各种技巧性市场运作提升专利竞争优势，最大限度地实现专利权经济价值的市场行为。这一概念包含三层含义：第一，专利运营的对象是"专利权"自身，而非含有专利权的产品；第二，专利运营的根本目的在于专利权价值最大化；第三，专利运营的主体是市场主体而非政府行政管理部门。

专利运营概念在实践中大多与专利实施、专利利用、专利运用等相关概念相混淆，这些概念经常在一些文献中被替换使用。

专利实施是法律概念，根据《专利法》第 11 条的规定，专利实施是指专利权人以生产经营为目的自行或许可他人制造、使用、许诺销售、销售、进口其专利产品，或者使用其专利方法以及使用、许诺销售、销售、进口依照该专利方法直接获得的产品，或者将专利权转让给他人。

专利运营与专利运用虽然只有一字之差，但含义存在较大差别。专利运用是实施专利战略的主要目的，是指主动运用专利制度指导科技、经济领域的竞争，谋求专利竞争优势，并将其广泛转化为现实的生产力、市场竞争力和文化软实力，促进经济又好又快发展。专利运用包括对专利的运用和对专利制度的运用。对专利的运用是指实现专利价值的各种方式，主要包括专利产业化、专利许可、专利转让、专利质押等。对专利制度的运用是指对专利制度有关规则的利用，主要包括专利申请规则、时间性、地域性、专利制度保护功能、信息功能、专利权评价报告、无效宣告、先用权抗辩等规则。因此，专利运用的概念在外延上要比专利运营大得多，从内容上讲除了专利运营外，还包括专利实施、专利储备、专利信息传播以及利用等。

专利利用是实现专利权经济价值的各种途径和方法。有些学者认为，专利利用涉及非权利人基于法律规定或合同约定对他人的专利进行利用的多种情形。通过该项制度协调专利的发明者、传播者和使用者之间的利益关系，从而实现个人精神财产的动态利用和社会精神财富的流动增值。专利利用分为两类：一是基于合同约定而产生的利用；二是基于法律规定而产生的利用。约定使用与法定使用都是财产利用的一种方式，但二者之间存在显著的差别。基于合同约定而产生的利用，主要有转让、授权使用、设定质权、设定信托；基于法律规定而产生的利用，主要有合理使用、法定许可使用、强制许可使用。❶ 其中，"有价转让，是利用专利权取得市场效益的主要途径之一"。❷

由上可知，专利利用泛指专利经济价值实现的途径和方法的集合，它们与专利运营都包括对专利权这一财产权的动态利用，在实现专利权的经济价值、增强专利竞争力、推动经济发展的目标上是共同的。但是专利运营和专利利用在对象、实施主体、内容等方面存在较大差别，如图 2－1 所示。

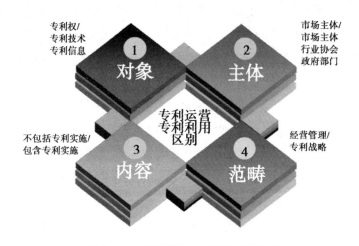

图 2－1　专利运营与专利利用的区别

第一，专利运营的对象是专利权；而专利利用的对象更加广泛，包括专利技术本身、专利信息资源和专利法律资源等的综合利用。

第二，专利运营的主体一般指市场主体；而专利利用的主体

---

❶　吴汉东等：《知识产权基本问题研究》，中国人民大学出版社 2005 年版，第 38～50 页。

❷　郑成思：《知识产权法》，法律出版社 2006 年版，第 54 页。

可以分为微观、中观和宏观三个层次，分别对应于专利利用的市场主体、行业协会和政府部门。

第三，专利运营的内容不包括专利实施的内容，而是以市场为基础、以专利资本为要素、以实现专利权最大价值为目的的各种市场化运作手段。专利实施则是专利利用的主要内容，除此之外，专利利用还包括专利联盟、专利标准化、专利储备、专利地雷、专利信息传播等。

第四，专利运营属于经营管理范畴；而专利利用则属于专利战略范畴，是实施专利战略的主要目的。通过专利利用谋求专利竞争优势，并将其转化为现实生产力、市场竞争力和文化软实力。

二、专利运营的本质

专利运营的本质就是专利资本与市场资本的交易，是将专利资源转化为金融资本的过程。所以，在市场中的专利运营就包括投资（获取专利）—专利运营市场—收益（获得利润）三个主要的环节。在投资环节，专利运营者可以投入金融资本，也可以投入专利资本。金融资本主要是货币，货币成为运营者汇集运营筹码的资本；专利资本则是专利权，专利资本直接成为运营筹码。而在融资环节，专利运营者主要通过对专利资产的运营获得金融资本的直接收益或者专利资本的间接收益；两者之间依靠专利运营市场得以联系，专利运营市场主要是将投资者的资本转化为专利资产并加以整合、运筹，使其价值得以提升，从而实现其超额利润。在这三个主要环节中有两个重要的角色：运营资本者和运营资产者，这两个角色可兼备互换，如图 2 - 2 所示。从商业的角度考察，两者赚钱的模式有本质的区别。运营资本者主要靠钱来赚钱，而运营资产者主要是用专利资产来赚钱。专利运营若离开了这两者则无从谈起。

运营资本者靠钱买专利，然后卖专利获取超额金钱。此时专利作为载体（属于资本的一种），如股票、债券一样。运营资产者（中介或专利非实施主体）则主要依靠卖专利产品来赚钱。这两类人靠专利联系在一起，如果两类人的运行轨迹像平行线一样永不相交，则专利运营也无从谈起。

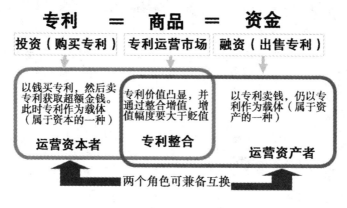

图 2-2 专利运营的三个环节

资本如同专利运营的血液，如果把专利运营比做一座大厦，那么投资和融资就是资本进出的两道大门。资金从投资的门进入，从融资的门退出，如图 2-3 所示。要想使专利运营保持足够的活力，两道资金吞吐的门缺一不可。

专利通过运营的运动过程实现增值。专利运营既可以从投资进入，也可以从融资进入。从本质上看，专利运营就是专利与金钱之间的交易，是通过专利展开的寻租行为。

拥有专利权的主体本身并不实施专利技术，但是要执行专利权利。实施与执行两者是有差异的，前者是自己将专利技术付诸实施，制造相应的专利产品或实施相应的专利方法；而后者则在于宣称了一种权利，并且要在宣称权利的同时获得相应的回报。由于专利权是一项法律赋予的权利，因此执行专利权，即宣称专利权并预期得到回报，其本身是得到法律许可的。

图 2 - 3　专利运营的两道门

三、专利运营的要素

专利得以运营的基础在于专利权所具有的专有性和排他性等特点。这些特点让专利权成为比知识更为稀缺的权利资源，并且赋予权利所有者对市场一定的独占特权。从这一层面上讲，专利运营的实质是以专利权为配置客体的市场资源配置行为。因此专利运营活动至少应包括主体和客体两类核心要素。专利运营主体是专利运营的主导者，是对专利权具有支配权的人或组织机构。专利运营模式的选择，收益的途径、运营的规模均受运营主体的意志决定。专利运营客体就是运营的专利权，这是运营的核心，一切专利运营行为均是依此而展开，运营者的收益也是凭此而实现。

传统的观念基本是将专利的创造、保护、管理、运用放在法律层面来操作，而忽略种种"非法律"因素和环境的考虑，以致限缩了专利权发挥作用的舞台和效益。专利运营是在市场条件下完成的，必须遵循市场规律，接受市场调节。对于专利运营则应该与有形财产一样，需要多加考量法律以外的其他因素，准确把握多元、多样的商业运营环境和条件。因此，除运营主客体本身要素的制约外，专利运营还受到市场等外部环境因素的影响。在日益明显的创新全球化背景下，考虑到专利权特有的无形性、地域性、时间贬损性、权利流动性、法定性等特征以及专利运营过程中的高风险和高不确定性等特性外，专利运营还会受到文化、技术、政治、产业、金融以及国际环境等多个外部因素的影响。这些内外部因素就构成了专利运营的环境，如图 2 – 4 所示。

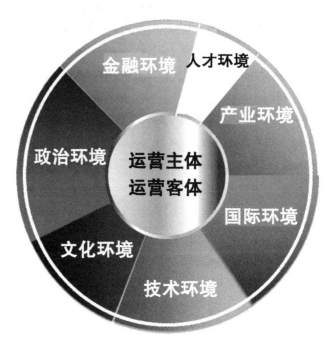

图 2 – 4　专利运营的主要要素

其中，文化环境是指该专利运营主体所处的社会结构、社会风俗和习惯、信仰和价值观念、行为规范、生活模式、文化传统、人口规模与地理分布等因素的形成和变动。政治环境是指一国的政权性质和社会制度，以及国家层面专利制度发展的路线、方针、政策和规定等。金融环境是指一国的金融制度、结构及发展水平等。人才环境是指主体所在领域的人力资本存量以及劳动力结构。产业环境是指生产经营规模、产业状况、竞争状况、生产状况、产业布局、市场供求情况、行业壁垒和进入障碍、行业发展前景等。技术环境是指当前的技术存量及在世界范围内的地位。此外，创新全球化使得专利权与国际大环境的关系更为密切，专利运营也应有全球化运营的视野。因此，除了国内环境外，国际环境也是一个重要的外部环境因素。本书所涉及的国际环境主要是指各国的政策、政治稳定程度及政府的扶持或干预水平和力度。

第二节　专利运营的特征

专利运营的特征主要体现在专利运营主体、专利运营客体以及专利运营环节等三个方面。专利运营主体主要是指由什么性质的市场主体来进行专利权的经营；专利运营客体则是指什么样的专利可以拿来进行专利运营；专利运营环节的特征则体现在模式、环境要求等多个方面，如图2-5所示。

一、专利运营主体的复杂性

从专利权的"无形"特点出发，产生专利运营主体多样性的特点。专利可以在同一时间由不同主体占有和使用，并不会由于其他主体的使用而导致本身的损耗和灭失，即专利权并不通过唯一物质载体实现，而可以在同一时间拥有多个使用和占有主体。从这一意义上讲，专利运营主体应是一种民事主体而非私权主体，既可以是专利所有权主体，也可以是对专利具有支配权的多个主体。

专利运营主体在现实中存在大量的实例，其既可能是个人，

专利运营的特征

主体复杂性	客体特殊性	其他特性
专利实施主体	无形性	目的唯一性
非专利实施主体	地域性	需要国际法律支撑
中介服务主体	时效性	后续管理要求高
	高质性	运营空间受限
		运营模式灵活
		侵权诉讼成为筹码
		不正当运营危害大

图 2-5 专利运营的主要特征

也可能是企业或者是科研院所等拥有专利权的主体。从广义上而言，只要是对专利权具有支配权的人或组织机构均可以成为专利运营主体。按照专利运营的概念，专利权人将专利许可或转让给第三人，并没有将专利技术进行产业化实施，而通过市场手段凭借专利权的转移实现收益，当然是专利运营行为，专利权人也就是专利运营主体；某公司因业务发展需要，对部分专利进行剥离销售，此时该公司也发生了专利运营行为，也成为专利运营主体。但是上述个人或公司并不是将专利交易行为作为其主营业务，严格上来说不能算是本书讨论的专利运营者。

目前，有许多以技术研发或产品生产为主的公司在专利积累到一定的程度后，除了自己继续进行专利的产业化实施外，还将专利权作为资产加以战略或商业运营，一般做法是成立独立的专利管理机构或是在原有企业内成立单独的部门进行专业的专利运营。从专利运营的角度考量，该公司只能算是专利运营的投资者，而单独成立的管理机构或是单独部门才能算是本书论述的专利运营者。此外，随着信托等业务的开展，参与专利运营的主体还可以是受托方。这一主体既可以是金融机构，也可以是专门从事专利中介服务的服务机构，这种受托方也属于本书研究的专利运营者。

专利运营者一般不会对专利技术进行产业化实施，主营业务集中在对运营客体——专利权进行整合增值，然后运用多种商业手段实现其超值收益。学界常将专利运营主体称为非专利实施实体（Non Practicing Entity，NPE）。此类实体的特点是本身不进行任何生产制造或产品销售，经自行研发（目的是增加专利运营资本，而非进行技术产业化）、购买等整合手段取得专利，并以专利转让、许可、融资、诉讼等为主要运营手段，转向其他生产或制造公司收取权利金、服务费或赔偿金，从而实现其最大的收益。这种特点使其区别于那些为最大限度获取市场份额或市场利润而持有专利权的经济实体。

20 世纪 80 年代初，随着科学技术和经济全球化的发展，美国出现了专利运营者，它们大多为规模较小的技术公司。这些公司不进行生产、销售行为，通过积极申请或购买海内外的专利权（通常从破产公司），形成自己的"专利包"，借由控告其他公司侵权取得损失索赔赔偿金或通过授权取得权利金。当然，专利运营者进行的这种专利权的运营行为本身并无可非议，理应包含有利于科技和经济发展的因素，客观上能够起到专利产业化普遍具有的促进技术流转、提高创新绩效的有益效果。但运营者很容易走向通过威胁诉讼、诉讼的模式，逼迫实体性企业从专利运营者手中获得专利许可。

高智发明公司是世界上有名的专利运营者，发起人是从微软公司出来的米尔沃德和荣格，成立于 2000 年，总部设在华盛顿州的 Bellevue，是全球最大的专业从事发明和发明投资的公司。它从微软、索尼、诺基亚、苹果、谷歌、eBay 等公司那里筹集了 50 多亿美元，主要用于在世界范围内购买新创意和新技术的知识产权。高智发明公司投资于信息技术、生物医疗和新材料、新能源等各个领域。高智发明公司现有约 600 名雇员，包括信息、生物、材料、医疗等多领域的科学家、工程师，以及风险投资家、专利律师、金融和商务精英。该公司的主要宗旨在于未来5～10年的技术进步，并且高智发明公司想在全球范围内打造发明产业链。目前，高智发明公司拥有1万多个专利家族，作为科研机构，它还提交了数以千计的自主发明的前瞻性专利申请，它购买的专利已经产生10亿多美元的许可收入。总之，高智发明公司的发明和专利经营环节，已经成为促进专利挖掘、促进专利产业化的成功范例。高智发明公司在美国、韩国、中国等国家的商业运营也引起了社会的争议和不同的反响，因其主要商业环节是利用其庞大的专利家族强迫技术产品公司通过会员制缴纳许可费。其强迫的手段也表现在对不愿成为会员的公司进行诉讼。

二、专利运营客体的特殊性

专利运营对象是"专利权"自身，而非含有专利权的产品。专利权的财产权属性是专利得以运营的前提和基础，作为运营客体的专利权可以用于交换和流通，从而实现自己的价值。随着专利所属产业的发展、技术的更新和市场的变化，专利的市场价值也在不停地变化。专利运营者就是要把控这种发展与变化，从产业链的角度来研究分析专利财产的形态、群集、权能、组合和家族，并进一步从供应链和价值链的角度来对其进行作价投资、授权、买卖、技术转移、侵权诉讼等，从而提升相应专利资本的市场价值。所以，专利运营者只有从规模经济和全球竞争的角度出发，发挥专利资本的综合经济效益，才能凭借专利运营客体——专利权获取无尽的经济利益。运营客体一般集中在竞争性技术领域，并具有广泛的权利保护范围和较低的成本；同时还具有一些特性，主要表现为无形性、地域性、时效性与高质性等方面，如

图 2 –6 所示。

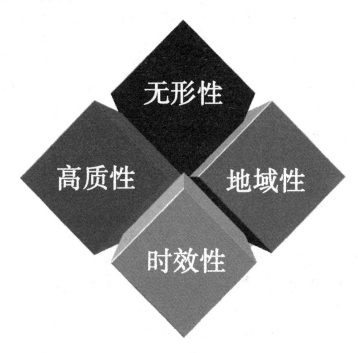

图 2 –6　专利运营客体的特征

（一）　专利权的无形性

这是专利权最重要也是最突出的特征。无形资产需要满足两个条件：其一，没有实物形态；其二，为非货币性资产。首先，作为创造性智力劳动的法律产物，专利权不具备物质形态，不占有一定空间，其拥有者和使用者对其占有主要表现为知识、经验的认识或感受，而并非具体而实在的占据。❶ 其次，专利也是一种非货币性资产。非货币性资产的一大特征在于其所带来的经济利益为未来性的和不确定的。对于专利而言，其价值创造必须通过与有形财产（如人力资源、硬件设备、原材料等）相结合并

---

❶　吴汉东：《知识产权法》，中国政法大学出版社 1998 年版，第 5 页。

经过一定的过程才得以体现，因此其收益为未来收益。同时，专利权的价值不仅与其所依附的技术价值相关，还受到外界因素如市场接受程度、设备匹配程度、专利有效时间等因素的影响。这些都加大了专利价值实现的风险性。当新的技术出现时，专利权即使还表现为法定有效，但是由于市场竞争优势的丧失，其价值却大大降低；当专利被第三人提出权利要求，使得专利权人对专利控制力削弱时，专利价值也会大受影响。

（二）　专利权的地域性

地域性是指一个国家依照本国专利法授予的专利权，仅在该国法律管辖的范围内有效，对其他国家没有约束力。由于专利制度设计的目的就是鼓励创新并在一定地域内赋予专利权人一定时间的专有权利，因此，专利权的专有性的约束条件被限定在一定地域范围内，即专利所蕴含的技术和信息只能在一定范围内被保护，超过这一范围后，并不具备垄断的权利。

（三）　专利权的时效性

时效性是指专利权人对其发明创造所拥有的权利在某一时间段有效。有效专利的存在是实现专利运营的重要前提。作为运营的客体，参与运营的专利必须是有效的。这种有效性不仅表现在专利为法律所认可，在法律意义上是被保护的；更表现在专利的归属清晰，不存在专利所有权的纠纷，否则就失去了运营的价值。有效的专利储备为相关运营主体提供了可以进行资本化或商品化的权利保障，是展开市场化运营的必要前提。这一时间段的上限为法律所赋予的自然寿命，即法定专利有效期限。但是，专利所包含的技术使得专利的寿命并不完全等价于专利本身的法定期限，而且还受到技术进步、管理变革、权利人控制能力等多种外界环境的影响。当新技术取代原有技术成为新的市场主流时，即使原有专利仍在有效期内，由于缺乏市场竞争力和价值创造能力，其运营的价值也十分微弱。

（四） 专利权的高质性

如果说有效专利是作为一种权利的法律属性，是专利运营得以开展的前提，那么专利品质则是考虑了专利作为一种资本或商品的经济属性，决定了能够参与运营的专利的竞争力。品质较低的专利难以为运营者提供更多的经济利益，而只是白白地消耗运营者的专利维持和管理费用；更为严重的是，没有品质的专利可能在运营过程中被宣布无效而丧失权利，造成运营者资源的浪费。因此，在一定程度上可以认为，专利品质显著影响了专利运营可以选择的模式、运营成本和可供调控资源水平。当然，有品质的专利要通过运营实现价值最大化，还要有许多条件，因为它还与技术及市场的商业价值息息相关，通常反映在以下几个方面：一是一般要处于全球产业价值链的上端和关键地位；二是要进入各类技术标准及专利联盟，强势运营专利，加速技术全球商品化及产业化；三是在全球供应链中具有自主权与分配权；四是在全球销售产品中获得更高的营业利益；五是在主要国家主导的新兴产业中具有核心的地位，能获取高额资本得利；六是活跃于全球无形资产的许可和转让，能够获取相当数额的权利金和价金，或是能够进行交互授权以减免权利金支出；七是积极主张权利以获取巨额侵权损害赔偿金或转为权利金。专利价值的凸显还需要有组织、人才、策略、步骤、系统及商业模式等各项配套，并加上经营的技能，才能实现其真正价值。

作为一种特殊的权利范畴，专利的技术性使得专利的寿命并不取决于专利本身的自然属性，即专利寿命的长短不完全取决于其法定期限，而且还受到技术进步、管理变革、权利人控制能力等多种外界环境的影响。

由上可知，因为专利运营的客体——专利权的特殊性，运营者要获得最大收益，就必须建构在产业发展、产业链、价值链、供应链、技术结构、产品组合、营收结构、规模经济及全球竞争的基础上。只有如此，专利权作为经营财产才有可能跳出纯法律思维的框架，而有效地运营和发展出与有形财产等值或超值的价值。例如，TFT-LCD 产业结构，是由上游零组件、中游面板以及下游各类系统产品组成。若对于 TFT-LCD 产业相关专利的经营能连接到该产业链、供应链和价值链的上中下游关系，再探究有关产品的产品结构、技术结构及营收结构的因果关系，则就能体现专利的实体效能，更可具体评估运营专利的市场和价值。

三、专利运营的其他特征

专利运营的其他特征主要体现在如下几个方面，如图 2 - 7 所示。

图 2 -7　专利运营的其他特征

（一）　专利运营目的的唯一性

专利运营的前提是获得有价值的专利权，专利运营的唯一目的在于最大限度地实现专利权的经济价值。对于专利运营者来说，最具有经济价值的专利通常需要满足如下三方面的特征：一是该专利必须处于存在诸多竞争公司的技术领域，专利运营公司依赖于这些相互竞争的公司来获取许可收益。二是专利运营公司追求的专利具有广泛的保护范围，这样它可以对多个目标公司同时发动攻击。三是专利运营追求以最低的成本获取专利权，除了自己研发相应的技术获取专利权之外，专利运营更多的是通过购买，尤其是购买破产公司的专利来取得专利权组合。符合这些特征——竞争性技术领域、广泛的权利保护范围、较低的成本——的专利广泛存在于电子、软件、制药以及生物技术领域，这也就不难解释为什么遭受专利运营者攻击的目标公司多数都在这些相应的产业领域。

（二）　运营后续管理要求更高

从专利形成过程看，专利资本并不具有一般有形财产所表现的"投入与产出的对称关系"，即专利的经济价值与它投入的劳动、时间、资金不具有对称的关系。这使得专利权的运营效果并不会完全由其投入的智力和物质决定，更多受到其他外部环境的制约。因此，相对于有形财产，专利的运营过程更为复杂，需要更严格的合同约束和后续管理。为此，在专利运营过程中，专利权的价值实现模式、交付模式以及付费模式，较之于有形资产更为灵活。

（三）　运营空间受限

专利运营空间的有限性，首先源于其地域性，即虽然关于专利权的条约从性质上讲是国际性的，但其实施却是国家性的。这种客体权利范围的限定无形中也限定了专利运营的市场范围，使得专利在运营时必须以国家或地区为前提条件。例如，在中国获得的专利权，其权利享受范围仅限于中国境内，以这种专利权为标的开展的专利运营收益也应主要考虑中国的法律特点和市场价值。其次还源于金融、市场体系的地域性。专利运营作为一个市场活动，必然受到一国金融体系发展阶段和市场发展特点的影响。例如，在美国以融资为目的开展专利运营，大多会考虑其证券市场的发展状态；而在德国、日本则更多考虑银行服务体系的态度。

（四） 运营模式较为灵活

作为一种包含信息的无形财产权，专利通过传播信息和使用信息的方法促进相关产业增值。这种智力成果所包含的信息往往与同一领域当前的技术存量具有较高的相容性，即同一领域的专利可以交叉使用，互相促进，甚至可以通过灵活的组合和集群实现 $1+1>2$ 的效果。因此，专利运营客体集群实际上是一种"软约束"，这使得集群的模式、集群成员的选择较之于其他无形财产具有更大的灵活性。

专利运营的模式包括专利购买、专利转让、专利许可、专利联盟、专利融资和专利诉讼等。从专利运营情况来看，专利许可和专利诉讼是经常使用的模式。在获得有价值的专利权之后，运营者必须选取目标公司以提供许可。通常来说，专利运营选取的公司是那些如果不接受许可条件，则有可能在昂贵的专利侵权诉讼中损失最大的公司。

第三节　专利运营的核心

专利运营成功与否受很多因素的影响，如专利质量、市场运作、产业定位、人才配置、制度以及运营架构等，见图 2 - 8。只要把握住专利运营的核心要素，专利运营就能达到既定的目的。

图 2-8 专利运营的核心

一、有效专利存量和质量是前提

有效专利的存在是实现专利运营的重要前提。专利的有效性不仅表现在专利为法律所认可，更表现在专利的归属清晰，不存在专利所有权的纠纷，否则就失去了运营的价值。这是展开市场化运营的必要前提。

对于专利运营而言，有效专利的数量也非常重要。专利数量的累计可以增加运营者的市场运营资本、商业谈判筹码，增加收益机会；同时也可以凭借专利数量占据产业链的多个关键点，便于形成技术的标准，构建专利池以及专利联盟等。

与数量相比较，专利的质量更为重要。如果说有效专利是专利作为一种权利的法律属性，是专利运营得以开展的前提，那么专利质量则是考虑了专利作为一种资本或商品的经济属性，决定了能够参与运营的专利的竞争力。质量较低的专利难以为运营者提供更多的经济利益，而只是白白地消耗运营者的专利维持和管理费用。因此，在一定程度上可以认为专利质量决定了运营的成败与收益多少。

二、市场运作和产业定位是核心

专利运营不是从专利成果开始，而是要从专利产生，甚至从实验室构想开始。专利进入资本、技术交易市场是为了以知识资本换取金融资本，这一过程的效率取决于运营者对资本、技术交易市场的了解程度和对市场运作规律的把握，并在此基础上结合一定的技巧制定出合理的商业运作战略和执行模式。只有符合市场规律的运作模式，才能最大限度地降低运营成本，实现良好的收益。专利运营的市场运作还包括对专利价值的市场化评估，这是因为价值评估的准确与否通常决定着运营效果的好坏。专利进入资本、技术交易市场的过程实际上是将该项专利资本化、商品化然后扩散的过程，能否为所运营的专利制订正确合理的价格不仅会直接影响到专利的资本化、商品化的接受度，还会影响运营者盈利目标的实现和在市场中的竞争力，进而影响专利的运营效果。当专利定价偏低时，专利所拥有的商业价值被低估，无法实现效益最大化；当专利定价偏高时，在市场上的竞争力被削弱，也无法实现效益最大化。因此，对专利进行正确的评估，制订合理的价格，是顺利进行后续商业化运作的关键。

专利运营效果的好坏还与产业定位密切相关，这是因为专利权的覆盖范围取决于其所处的产业链阶段。一般认为，当专利权所蕴含的技术信息占据产业链上游时，专利权能覆盖较广的产业范围，并通过后向关联参与中下游的产业活动，进而获得最大的经济利益以及占据产业地位；当专利权所蕴含的技术信息占据产业链中下游时，专利权的覆盖范围相对较窄，进而限制了专利运营的操作空间。从这一意义上讲，产业定位也是专利运营的核心。

三、人才配置和专业团队是保障

由于专利权运营是一项复杂、庞大且不断变化的商业行为，加之有专利权这一法律规范的客体，同时与产业发展、市场秩序息息相关；所以，专利运营集权利、政治和经济等多属性于一体，涉及经济、科技、文化、法律多个领域。因此，专利运营工作是一个复杂的系统，非一人之力能够单独完成。专业的专利运营不仅需要高端人才，更需要拥有合理的管理人才，并配置有相应技术人才的团队。只有建立这种配置合理的复合型专利运营团队，才能更好地对专利价值进行正确的评估，选择合适的运营模式，准确地把握市场需求，实现专利运营更高的效率和收益。因此，从这一层面可以认为，高素质的人力资本和合理的劳动力结构是专利运营顺利进行的保障。

四、运营架构和制度配套是出路

考虑到微观主体在专利运营过程中需要遵循一定的市场规则，专利运营在强调价值实现结果的同时，还需要关注市场化运作制度的配套建设，这也是推动专利运营持续发展的重要出路。

专利运营的实质在于扩大专利权的市场价值，是专利参与市场交换的结果，体现在市场规则的各个角落。这种市场规则不仅包括传统意义上的法律保障能力（如专利信息能力、专利运营政策）；还包括市场管理机制设计者与政府部门通过其他公共政策的支持，如政府在完善知识产权制度的同时，对市场环境进行优化，创造激励专利正当运营、妥善管理的大环境，降低专利运营的制度风险。

同时，专利权特有的无形性、创新性、时间贬损性、权利属性、转化过程的高风险和高不确定性等特性决定了专利资产必然有独特的运营环节和策略，必须通过渗入整个创新链条和交易链条才能产生更多的价值。因此，在强化专利权运营的制度配套建设的同时，更需要一个系统的专利商业化运作决策体系，从商业角度把专利作为权利的法律属性和作为资产的经营属性统一起来，从而在提供运营者或单个运营项目的专利布局、专利战略等宏观决策的同时，帮助运营者增强专利权运营能力和专利扩张能力。这也是专利运营能够持续进行的重要出路。

第四节　专利运营的作用

一、专利运营的积极作用

高智发明公司 CEO 及联合创始人 Nanthan Myhrvold 曾这样描述过专利运营市场，他认为专利运营：对发明人而言，可以提供资金，识别有丰富回报的发明领域，为发明建立市场价格，提供可靠的回报，协助产生强大的专利，将发明推向市场并进行许可，将不同来源的专利捆绑在一起以增加其价值；对学术机构而言，可以提供资金，使科学发现和工业需求相结合，当不同组织对某一发明都有相关利益时设计交易架构，帮助将发明货币化，进行专利维权；对产品制造商而言，可以提供所需专利的一站式获取服务，整合外部发明人资源，满足企业特定的需求，提供专利许可，降低诉讼风险，为某一公司对外许可或出售其专利提供市场平台；对整个社会而言，可以加速技术进步，降低研究活动对政府资金的依赖，培育尊重知识产权的文化，高效地对失败企业的好创意进行回收再利用，促进竞争，为消费者提供更多选择。具体作用如图2－9所示。

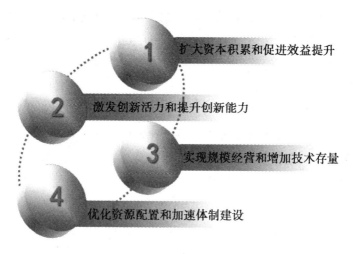

1　扩大资本积累和促进效益提升

2　激发创新活力和提升创新能力

3　实现规模经营和增加技术存量

4　优化资源配置和加速体制建设

图2－9　专利运营的积极作用

（一）　扩大资本积累和促进效益提升

专利运营可以扩大相关市场主体内部的资本积累，促进相关主体的资本扩张和效益水平提升。通过专利托管、资本化等模式的专利运营可以充分挖掘现有专利的潜力，进而发挥专利作为无形资本的经济杠杆作用，提供新的盈利点和效益增长点，实现专利作为资本的保值、增值进而实现企业价值最大化。此外，专利运营以投资模式向未因发明而得到合理回报的个体发明者提供了一种市场机制，使其专利能够货币化，并使其有能力对侵权方提起诉讼。专利运营者以中间人的角色在发明人和有能力利用其发明生产新产品的生产商之间搭建了沟通平台，从而促进效益的提升。

（二）　激发创新活力和提升创新能力

专利运营可以激发科研机构和企业的技术创新活力，提升相关主体的自主创新能力。专利运营是将专利作为知识形态的生产力向现实形态生产力转化的桥梁，客观上可以促进科研机构重视发明技术的潜在价值，对企业等市场主体准确理解专利的作用也有间接的帮助，从而有助于形成具有竞争力的技术和专利布局，提升自主创新的动力，促进企业产品结构、产业结构的高技术化和升级换代，进而提升相关主体的自主创新能力。

专利是知识经济时代最重要的无形资产。美国全部财富的75%以上是包括知识产权在内的各种无形资产，而专利显然是其中最具有活力和价值的部分。在这种环境下诞生和发展出各种专利管理的公司显然不足为奇，而且这种公司的出现和发展正是美国经济进入知识经济时代的一个重要标志。

在个人和小公司掌握的专利权中，有的专利权具有很高的价值，另外一些专利权则可能分文不值。而通过专利运营的各种模式，在专业的专利运营公司的运作下，它们可以根据专利权价值的高低来向发明人支付相应的报酬，避免专利权价值与市场价格不符的情形产生。市场存在的信息不对称有可能把那些真正具有高价值的专利驱逐出技术市场，则那些具有潜力的个人发明人将很难从他们的发明中获得回报，他们也不会有足够的动力和资金用于继续从事发明创造活动。专利运营能最大限度地体现专利权的价值，可以确保高价值的专利获得足够的回报，从而鼓励发明人去从事其他的发明行为，对于激励全社会的创新是有益的。

（三）　实现规模经营和增加技术存量

专利运营公司通过使专利权的流转更加快速，创造出一个高效率的市场，帮助专利技术交易市场从多个买方对应多个卖方的"搜寻市场"转变为一个集中市场，从而成为专利技术交易市场的引导者，降低了专利技术交易市场中专利购买者和销售者之间的信息不对称。当买卖双方对专利权的潜在价值认识不清时，专利运营公司可以通过此前重复交易的经验、对技术的研究以及专利权本身权利要求覆盖的范围等为交易的专利设定一个市场中间价值，从而促进专利技术的流转，创造出一个更有效率和效益的专利市场。专利运营可以实现企业的规模经营，加速技术创新成果的扩散，增强社会技术资本存量。专利转让、质押、入股等运营模式，形成生产、营销、资金、管理等方面的协同作用，可以扩大企业规模，实现规模经济目标。同时，管理者以专利要素为杠杆，通过购买、兼并、控股、交叉持股等模式，可有效拓宽企业专利的获取来源和实现企业技术资源的共享、集中，降低技术创新的风险和成本，缩短技术创新扩散成果的时间，进而有利于技术创新的最终成果在企业间以较快速度进行扩散。

（四）　优化资源配置和加速体制建设

一般来说，个人发明人在获取专利权时很难了解这项权利的真正市场价值，其必须制造出一项产品或者将专利权许可给他人使用。而即使个人发明人将专利权许可给第三方使用，其所能够获得的许可费也不可能比专利运营公司从事的许可所获得的更多。个人和小公司作为专利权的主体缺乏专业的谈判实力和相应的谈判技巧，并缺乏足够的资金实力对第三方实施诉讼威胁。在通常情况下，制造商在与个人发明人的较量过程中，只需要支付很少的许可费，因为这些制造商确信个人发明人没有足够的资金来发起侵权诉讼。一旦个人和小公司将专利托付给专业的专利运营公司，则他们将拥有足够的资金来发起侵权诉讼，从而迫使制造商支付优厚得多的许可费及其他相关费用。专利运营公司的运作可以帮助个人将更多的精力用于从事发明创造，而把专利运营交给专业的公司。

专利运营可以优化主体内部和整个社会的资源配置，加速市场经济体制的建设和完善。专利运营作为一个复杂系统，其目的在于通过合理利用和配置内部乃至整个社会的人、财、物，实现对现有有形资本和无形资本的重组和优化。因此，专利运营活动不仅对应于技术运营，还与资本运营、市场运营、人力资本运营相耦合，可以显著带动相关专利技术转移市场和资本市场的发展，并衍生出新的平台和产品市场，提升企业的市场参与意愿，进而提升整个社会科技生产、管理和要素配置的效率，加速和完善现有的市场经济体制。

二、专利运营的负面影响

专利运营的负面影响主要集中在"权利滥用"上。根据法理学原理，权利作为利益的法律化身，是法律设置的、在一定范围内的自由。这表明权利人行使权利若超过正当界限，有损他人利益或社会利益，即构成"权利滥用"。专利运营者如果凭借其专利的垄断地位限制竞争、损害社会利益，就会产生很多的负面影响。近年来，国际上一批具有或者有可能具有"专利海盗"性质的跨国运营公司或组织通过专利运营对正常经营的市场主体发起攻击，对产业发展、市场秩序构成巨大威胁（如图2－10所示），各个国家也纷纷采取不同的措施对此加以规制。

（一）　专利运营的负面影响

专利运营很容易产生"投机"行为，主要是"以合法的方式"钻了客观上并不存在的"法律的漏洞"。具体而言就是，"投机者"努力获取并宣称专利权的动因，并不在于想方设法促进专利技术的实施，而是千方百计地寻找正在实施专利技术的目标对象，并在发现这样的目标时动用法律武器[1]从目标对象那里攫取高额回报。由于其在之前获取专利资源时花费了一定的成本，因此，其索求往往会让人感觉"过分、不合理"，虽然不违反法律，但是给社会造成成本，给目标对象造成负担。对于专利运营的负面影响的评价，在整体上主要体现为：一是它们专门提起许多无意义的专利侵权诉讼，浪费了宝贵的司法资源。二是体现了资本的逐利本质，提高了生产制造企业的成本，而这些提高

---

[1]　使用许可、诉讼、威胁诉讼等手段。

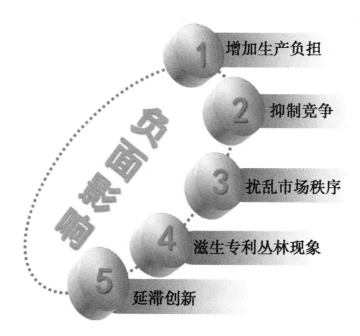

图 2 - 10　专利运营的负面影响

的成本最终将转嫁给消费者，损害了社会公众的整体利益，其结果相当于向全体国民征税。三是"投机者"的示范作用，加剧了专利丛林现象的出现。专利丛林现象是指相互交织在一起的专利权组成了一个稠密的网络，任何一项专利技术的应用或者相关新产品的推出，都必须获得大量专利权人的允许。其在许多情况下妨碍了进一步创新，并导致社会资源的浪费和创新扩散的困难。

　　目前，许多国际专利运营公司在中国拓展业务，其行为可能对我国产生很多的负面影响，主要表现在：

　　（1）转移我国自主创新的核心技术成果，影响我国技术和经济的安全；

　　（2）在向境外转移专利技术过程中存在逃避政府部门监管的行为；

（3）很容易造成专利权归属和实施的纠纷；

（4）有可能成为刺探我国先进技术情报的一种手段；

（5）有可能成为最大的潜在"专利地雷"；

（6）有可能引发更多"专利海盗"入侵。

（二） 对不正当专利运营的规制

随着专利运营公司的增多，由专利运营公司发起的专利诉讼占全部诉讼的比例高达 13% 左右。2006 年 4 月，美国参议院提出《专利质量法案》，内容就包括杜绝不择手段的"专利海盗"行为。在随后的 2007 年、2008 年，美国改革人士继续推动专利法的改革。2009 年 3 月 25 日，谷歌、思科、RIM 和英特尔等 28 家公司高管联名向美国总统奥巴马上奏，请求奥巴马总统对 2009 年专利改革法案给予支持。针对专利运营者，美国各方企业的应对措施有所不同，例如：（1）eBay 与专利运营者 Merc Exchange 据理力争，经过 6 年的不懈征战，eBay 历经地方法院的不利判决、美国联邦巡回上诉法院的不利判决，最终美国联邦最高法院判决"没有必要阻止 eBay 网站使用这项技术，eBay 只不过是侵犯了专利权而已"，为规范"专利海盗"现象带来一线转机。（2）惠普、RIM 公司则选择与投机者达成和解，惠普支付 Pitney Bowes 公司 4 亿美元和解费，RIM 公司支付 NTP 公司 6.15 亿美元和解费。（3）微软、苹果、诺基亚、谷歌等公司加盟新型专利运营者高智发明公司，成为高智发明公司的签约客户。（4）Verizon、谷歌、思科、爱立信与惠普等成立"企业安全联盟"，减少被诉机会，避免成为专利运营者的诉讼目标。

随着美国创投公司登陆韩国并积极购买韩国好的技术和创意，韩国政府和企业深感威胁，韩国政府通过下发文件等形式，禁止韩国大学试验室、研究机构和企业向高智发明公司等专利运营者出售知识产权。据韩国《中央日报》2009 年 7 月 30 日报道，韩国知识产权局宣布韩国政府将在 2009 年年内设立 200 亿韩元（约合 1600 万美元）的发明基金，其中政府出资 50 亿韩元，私营机构出资 150 亿韩元。设立发明基金的最大目标是，购买大学或研究所的专利，或者支援正在研究的专利项目，防止这些专利流出海外。该基金旨在购买韩国大学试验室、研究机构和小企业研发的技术和创意方面的知识产权，帮助韩国国内企业避免与外国公司发生知识产权及许可费方面的争端。该基金是由韩国前总统李明博在国家竞争力强化委员会的会议上提出来的。韩国政府希望包括该基金在内的新战略能帮助韩国提升在知识产权产业中的全球排名。李明博曾表示："韩国在有关知识产权的国际收支方面，有着超过 40 亿美元的逆差，要积极保住知识产权。"

韩国知识经济部宣布，它将设立一家知识产权管理公司，运作创业资本，探索新的商业运营机制，并公开招募首任 CEO。该公司的工作是：发掘高价值的知识产权，促进其流转；管理专利、思想等发明资本；帮助韩国企业对抗海外"专利海盗"；制定国家知识产权战略；促进重要技术的专利挖掘与抢注；收购韩国大学和科研机构的优秀思想与科研成果，防止海外机构如美国高智发明公司等大型知识产权管理托拉斯廉价收购韩国技术。韩国的这个国有公司既有政府主管单位的色彩，又有私营企业的色彩。例如，它负责制定国家知识产权战略，同时却又与美国高智发明公司开展竞争，也承担挖掘、抢注、流转专利的使命，它还必须进入头脑风暴、专利撰写、专利申请、专利许可等更多的私有领域，使自己扮演一个合格的"专利海盗"角色。

韩国政府还计划，2011 年以后，探讨及推进在韩国私营公司的帮助下成立官民共同出资的知识产权管理公司，并到 2016 年将基金规模扩至 5000 亿韩元。届时，该基金将被用来购买对新产品制造至关重要的技术，以应对海外专利企业的攻势。同时还计划，放宽各大学和政府研究所开办负责专利商用化的技术控股公司的条件，尽量减少国内技术流出海外。

为了争取国际生存空间，韩国一些基金公司纷纷在美国设立专利管理企业，并大规模讨伐韩国之外的全球企业。最近几年，韩国涌现出一些专利发展基金，筹措资金高达数十亿美金，其中不乏政府资金。这些基金公司资助设立了一大批专利管理公司，如美国得克萨斯蓝石创新公司等。这些专利管理公司的设立和经营特点是：主要设立在美国，优选得克萨斯联邦地区法院驻地；专利来源以采购外国专利为主，逐步开展自主专利挖掘；管辖法院优选美国得克萨斯联邦地区法院；被告优选日本、中国大陆、中国台湾、美国企业，一般不起诉韩国企业；一般申请侵权禁止令，乐于在判决前和解，但往往索取高额经济赔偿，对韩国企业的国际竞争对手构成重大杀伤；通过发起 ITC 或海关知识产权保护程序，可有效阻止被告产品的对美进口，能间接促进韩国企业的产品出口；单个案件往往起诉大量被告，并分化被告，各个击破；起诉工作往往在专利交易结束前准备就绪，而在专利交易手续生效后，立即启动诉讼程序；多家专利管理公司上演"车轮战"，对相同被告用不同专利进行连续打击，持续杀伤韩国大企业的全球竞争对手。

印度针对"专利海盗"的对策侧重防御，其主要内容是：跟踪、监视全球范围内可能"抄袭、侵犯"印度公知技术的专利申请，把检索、分析报告抢先发送给各国专利局审查员，帮助其驳回相关专利申请；发起专利公益诉讼，通过异议、无效等模式阻止印度技术被抢注专利；通过非专利的"防御性公开数据库"，帮助全球各国专利局审查员驳回抢注印度技术的专利申请；积极挖掘大量可能被抢注专利的印度技术，抢先实施专利式"防御性公开"。这种防御性专利策略对保护印度经济安全具有重要作用。印度的做法比韩国更为扎实，尤其是印度大规模组稿、编辑、翻译的非专利防御性公开数据库，具有釜底抽薪的效果，值得我国借鉴。

高智发明公司于 2007 年进入日本，在东京开设了事务所，从事发掘高前瞻性发明并支持其专利化的活动。但近期，日本政府感觉到高智发明公司对本国发展的威胁，并召集相关科研院所和企业，要求其不得向高智发明公司出售技术和创意。目前，日本民间和官方共同出资 2000 亿日元，正在推进成立产业创新机构。日本特许厅相关部门负责人明确表态说，日本对高智发明公司的态度就是限制，不允许这样的公司在日本发展。

由于专利运营公司选择目标公司是经过仔细的考虑和斟酌的，因此其中能真正被法院受理并最终经过法院审理的案件必然占专利运营公司引起的专利纠纷的少数。恶意的诉讼不仅扰乱了企业的正常经营，导致生产效率的降低和成本的增加，同时也严重干扰了正常的市场竞争秩序。要遏制专利运营公司过度诉讼引起的消极作用和影响，就需要防止其以恶意诉讼等手段骚扰企业正常经营的行为。在认定专利运营中的恶意诉讼是否构成专利权滥用时，一方面应认真借鉴国外经验，另一方面可重点考察以下因素：（1）是否妨碍社会进步；（2）是否妨碍有效竞争；（3）是否违反公序良俗；（4）是否违反公平原则；（5）是否损害公共利益。

为了防范专利运营带来的负面影响，应当充分运用我国规制权利滥用的现有依据，健全禁止权利滥用规则。TRIPs 协议第 8 条规定，"只要与本协议的规定一致，可能需要采取适当措施以防止知识产权权利人滥用知识产权或采取不合理地限制贸易或对国际技术转让造成不利影响的做法"。第 40～41 条规定了"对协议许可中限制竞争行为的控制"，还规定"（救济）程序的实施应避免对合法贸易造成障碍并为防止这些程序被滥用提供保障"。这是 WTO 对知识产权权利滥用的明确规制。对此，我国专利法应当尽快修改完善，以体现 TRIPs 协议有关禁止专利权滥用的内容。

第五节　专利运营的风险

所谓风险，即不确定性。专利运营的成效受多种因素的影响，由于每种因素有很多变数，所以专利运营还是存在很多的风险。对于专利运营者而言，这些风险主要包括政治法律风险、市场运行风险、中介组织风险、经营管理风险、专利自身的风险等多种类型，如图 2 – 11 所示。要规避风险，除拟定专利运营的标准操作程序外，还要将专利运营所衍生的风险管理纳入运营项目管理程序。专利运营的成败关键在于专利运营者对风险规避的观念、方法与能力。

图 2 – 11　专利运营的风险

一、专利运营存在的风险类型

由于专利运营模式的多样性和多重性、专利自身私权性质的特殊性、参与专利运营及其利益诉求的多元性等，专利运营中的风险不可避免。为此，需要从经济管理方面来探究风险的概念，并以此指引专利运营中涉及的主要风险类型划分。

依照经济管理视角，从语义上说，风险是任何可能妨碍成功的因素所导致的不良结果，并且对当前来说是未知的或不确定的。关于风险的一般概念的探讨和界定，目前在国内外还存在争议，不同领域的学者或实际工作者往往会从各自的角度拟出相应的风险概念。就立足于研究专利运营问题而论，主要应从经济学、管理学的视野来认知风险问题。"风险是在一定环境和期限内客观存在的，导致费用、损失与损害产生的，可以认识与控制的不确定性。"笔者认为，这种不确定性所导致的风险并非全是坏事，正是因为不确定性的存在，才促使人们不断地探索先进合理的市场（产权）运营机制，减少运营成本，推动社会经济的前行。❶

具体到对专利交易中风险问题的研究，既需要就专利本身及其运营环节中内生的或滋生的风险而论，又需要从运营环节以外的宏观层面等因素深入考察。

（一）　政治法律风险

专利运营不是在真空状态中进行的，而是在现实政治、经济、社会条件下展开的。从宏观上看，政府作为专利运营的间接参与者，一方面主动引导和服务于专利运营事业的良性发展；另一方面又可能迫于公众与利益团体的压力或自身战略决策的考量，给总体的、单项的或局部的专利运营设置政治性障碍，造成政治风险。而政治风险一旦形成，则一般的专利运营参与者短期内无法完全认知和确定，更不用说应对了。例如，政局的变动、税收政策的调整、产业重点领域的更替、交易流程规则的改变等，均会对专利运营产生直接的冲击；人力资源管理政策、文化教育政策的调整，则可能对专利运营产生间接的冲击。虽然在一般情形下，相对于公共政策而言，法律具有稳定性、可预期性的

---

❶　吴洁仑、王智源："知识产权交易形式解析与风险控制问题研究"，载《科技管理研究》2010 年第 10 期。

特点，但法律法规等并非是永远不变的。伴随着法律法规的立改废，原有的运营模式会被打破，影响到当期或预期的专利运营，甚至会对分期付款的交易产生冲击。此外，在开放的条件下，国际知识产权制度、相关运营规则（如国际专利转让、许可贸易规则）的变动，势必作用于国际知识产权微观运营环节，反过来又影响到国内。

（二） 市场运行风险

就当今的市场经济环境而言，专利运营植根于市场体系，所采取的形式在总体上无疑是市场化的方法，因此，市场环境的优劣决定着专利运营的效率和质量。当处于经济危机期，或市场秩序混乱、欺诈盛行时，专利运营的动力缺乏、成本加大、风险水平提高，各运营主体不得不付出较多的精力去消除市场的"摩擦力"，减少用于专利运营的资源。毋庸讳言，作为专利运营的重要市场支撑力量的金融业，在爆发次贷性或其他类型金融危机时，势必造成连锁反应，对专利运营也造成冲击。同时，仅就专利运营的出让方、受让方在市场环境下的活动规律而言，道德风险、逆向选择也值得关注。道德风险是指交易双方在交易协定签订后，其中一方利用多于另一方的信息，有目的地损害另一方的利益而增加自己利益的行为；逆向选择是指市场的某一方如果能够利用多于另一方的信息使自己收益而使另一方受损，那么倾向于与对方签订协议进行交易。所以，在专利运营中，信息的不完全、不对称等因素，使得运营在主观上、客观上造成可乘之机，引导出运营风险。

（三） 中介组织风险

专利运营是在特定的社会环境中进行的，那么诸如较低的专利保护意识、剽窃盛行的社会风气、大罢工、骚乱等社会不良因素均会对专利运营活动施以负面的影响，产生较高的交易风险。从某种意义上说，专利运营在多数情形下并非由货币投资者或专利权人直接完成，而是要经由类似于中介代理的 NPE 帮助实现的，因此，中介组织的状况与专利运营风险具有相关性。除投资者选择运营活动本身具有风险性外，中介组织选择后还可能出现"代理博弈"（委托—代理问题）。具体地说，委托—代理关系是指委托人授权代理人在一定范围内以自己的名义从事相应活动、处理有关事务而形成的委托人和代理人之间的权能与收益分享关系。由于信息的不完全性等主客观原因，委托人往往不知道代理人要采取什么行动，或者即使知道代理人采取某种行动，也不能观察和测度代理人从事这一行动时的努力程度；同时，两者之间存在的利益分割关系，通常会使得代理人不完全按照委托人的意图行事。这在经济上被称为委托—代理问题。于是，通过中介的专利运营自然地具有或大或小的委托—代理性风险。

（四）　经营管理风险

应当看到，参与专利运营的投资者以及运营者的形态是多样的，既有独立的个人，又有科研院所、各类院校、合作性组织、事业单位、企业等；但就来自于不同主体的参与交易的专利数量而言，个人生产和需求的专利在当今社会经济条件下不是主流。因此，讨论专利运营风险，还需要深入专利运营者组织内部，考察其与专利运营紧密相关的经营管理问题。这方面涉及专利的滥用（如搭售、价格歧视、掠夺性定价、过高定价等）、组织自身的财务状况、交易策略的选取与偏好等因素，它们均会导致专利运营风险的滋生。此外，组织致力于替代性专利的发掘或商业间谍活动，也会对现有专利的运营构成威胁。进一步地看，专利运营并非一蹴而就，专利交割后还需售后服务，而这方面也存在到位程度如何的风险。

（五）　专利自身风险

专利自身的无形性等特征，导致其自身可能构成专利运营风险，如图 2 - 12 所示。

图 2 – 12　专利运营的自身风险

（1）存在性风险。即名义上的出让者是否真正拥有专利权，拟运营的专利权是否真正存在。如果是欺诈或权能因内外等因素而动摇，则运营活动将失去基础或处于险境。

（2）接受性风险。当出让者方面没有问题时，受让者因为自身的或外界的原因，能否实实在在地完成专利运营流程，也值得思考。如果专利受让者没有接受或支付能力，却盲目地引进专利，致使专利收益不能及时支付给出让者，则会导致专利运营形同虚设，甚至浪费大量的资金。

（3）稳定性风险。专利只有权利稳固，没有任何瑕疵，它的资本化运作才会成为可能。此外，如果专利临近保护期的末端，其稳定性可想而知，交易的风险随之加大。

（4）价值性风险。主要指专利自身价值准确程度的问题。专利价值评估在理论界、实务界一直受到重视，但也是个难题，精确程度见仁见智；加之前文论及的运营模式多样性等因素，使得专利运营的支付形式也呈现出多样化，如果是分期支付许可费，则风险也随着支付期的递进而加大。

（5）诉讼性风险。专利自身是依法确立的结果，因此从专利运营的准备开始，在各运营环节中均可能有来自不同利益主体出于不同目的的诉讼。而且就通常情形而言，专利诉讼的复杂性较高，周期也较长，诱使运营中出现种种困境，人为地加大风险。

二、专利运营风险控制流程与主要措施

无论对专利运营中的风险如何进行分类，首先需要明确的理念是，风险是与专利运营活动相伴相生的，只能尽力消减，不能完全消灭。为此，要秉承"有限理性"的思维，梳理出专利运营风险控制流程，设计出合理的专利运营风险防范模型，提出切实有效的风险控制措施，如图 2 - 13 所示。

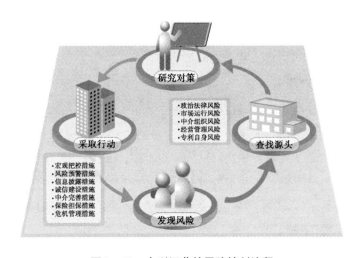

图 2 - 13 专利运营的风险控制流程

（一） 专利运营风险控制流程

专利运营风险的控制是有规律可循的。当然，实际情形中的专利运营风险控制工作更为生动，并非也无必要机械地完全照此流程运作。同时，采取风险控制措施并评估其效果后，也非专利运营风险控制过程的终结，如果没有达到风险控制的目的，还应重新考量新的对策；而如果达成了此次风险控制的目的，则要及时总结经验教训，为今后的专利运营风险控制工作提供参考。

（二） 专利运营风险控制措施

1. 宏观把控措施

这主要针对政治法律、市场运行、社会因素方面的风险控制而言。这些类别的风险虽为专利运营的微观主体难以辨识与掌控，但专利运营的公共管理部门等相关组织与社会，要竭力为专利运营创造良好的市场交易环境与体系。具体措施可以有提高全社会的知识产权保护意识，建立健全促进专利运营的法律法规、公共政策，加强专利运营司法与行政执法工作，强化专利运营日常监管、维护市场秩序，沟通专利运营的国际合作，扶持全国性或区域性专利运营公共平台的搭建等。

2. 风险预警措施

这是从源头上控制风险的上策。在专利风险防治过程中，首要的环节即是做好风险预警。如果没有预警，待风险充分显现后，虽然易于发觉，但为时已晚，此时风险可能再也无法得到合理控制。这方面可以采取统计分析相关指标并定期公布权威性指南的方法加以实现；同时，专利运营者构建不同层面的预警体系也是重要的措施。

3. 信息披露措施

从某种意义上讲，专利运营的成败与信息的获取及其透明程度息息相关。加强信息的挖掘或披露可以消减信息不完全、不对称现象，减少道德风险、逆向选择、委托—代理问题等增加运营成本情形发生的概率。因此，要着力做好以专利运营系统信息化为核心的相关配套工作，包括软件和硬件的集成等。

4. 诚信建设措施

专利运营者诚信度如何，直接影响到专利运营的效果与成败，因此，要切实加强专利运营者的诚信体系建设；同时，运营主体之间也要有意识地关注对方的诚信状况，选取诚信优良的交易者作为接触对象。

5. 中介完善措施

以资金投资为主的专利运营者很难离开各类中介组织。各类中介起着沟通与顺畅运营的桥梁纽带作用，包括专业的专利运营公司、专利咨询评估服务机构、专利法律服务机构等不同的业态。在我国，虽然参与专利运营的中介组织的总体状况较好，但仍要从内外多个层面促进其进一步发展。加强评估工作的科学性也是个重点，需要特别注意。

6. 保险担保措施

普通资产产权交易的复杂性往往低于专利运营，它们在一定程度上都需要保险担保方面的服务，以降低运营风险。因此，专利运营也要借助保险担保的力量，规避交易中面临的风险，可以由国家（地方）出台相关政策，扶持构建新的知识产权保险担保体系（如成立新型的知识产权保险担保机构）；还可以按照市场自身的运行规律，由现有保险担保机构主动扩展业务领域。当然，出让者、受让者也应有意识地借助保险担保的力量来控制风险。

7. 危机管理措施

这主要是就专利运营重大风险将发生或发生后如何最大限度地降低风险损失而言的。可以通过积极诉讼、合理分担、保险理赔、有效转移、资产保全、外交途径等针对性措施，降低风险所引发的损失。涉及专利运营的危机管理问题是个极其重要的课题，这需要在实践积累的基础上加以总结提炼。

上述分析表明，专利运营并非具有什么特别的神秘性，其与一般的产权交易形式基本上是相同的。解析专利运营的目的在于从理论层面揭示专利运营的复杂性，从而引出要对专利运营风险问题进行系统研究的结论。应当看到，任何一宗专利运营的风险均是不可能完全消除的，因为其运营的风险来自于运营参与者内外等不同因素的交相作用；而正是风险的存在，提示我们既要对专利运营风险控制进行宏观性系统思考，又要采取恰当的因应措施去消减具体风险，不断促进专利运营市场健康发展，使知识产权在运营中发挥作用、彰显魅力。

第六节　专利运营环节

一、运营环节及分类依据

所谓专利运营环节，是指专利运营者对专利进行商业化操作，多维度实现专利价值化并追求最大经济收益的技能或途径。专利运营环节实际上是一种商业经营环节，其关键在于合理性、持续性、高效性，能够通过专利的商业运营带来持久的利润。为确保持续的运营获利，运营环节也应该形成市场壁垒的差异性，让竞争对手无法轻易复制。依据专利市场运作过程的先后，专利运营的环节可以分为专利投资运营、专利整合运营和专利收益三个环节，如图2-14所示。

其中，专利投资运营环节是指为了能够获得专利权及其衍生权利所带来的未来的收益，而在当前进行的付出资金或其他资本获取专利权的经济行为。正如洛克的财产权激励论所指出的，获

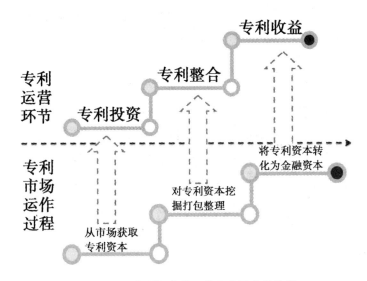

图 2 - 14 专利运营的三种环节及分类依据

得具有潜在价值的专利权的目的在于通过加大研发投入从而激励知识的创造。一旦专利权成为有利可图的商品，就必然吸引越来越多实力雄厚的投资人、专业技术咨询公司和跨国公司的重视。以高智发明公司的专利投资运营环节为例，该公司是全球最大的专业从事发明与投资的公司，管理总计约 57 亿美元的投资基金。其自身的专利申请量排世界前 50 位。该公司下设的三支基金 ISF、IIF、IDF 分别用于投资公司内部科学家的发明创造、公司的外部发明人，以及有市场前景的其他公司的专利。

专利整合运营环节是通过对运营的所有专利进行挑选并建立组合，在二次组合的基础上增加专利权的价值，形成专利网布局以及创建专利池，面向全球市场经营专利池，实现盈利。

专利收益运营环节是体现了专利运营者凭借专利权这一财产权来获取经济利益的种种市场化的模式和途径。以高通公司为例，其专利收益环节主要有两种途径和模式：一是通过技术许可授权帮助企业进行专利侵权诉讼，收取专利许可使用费；二是依靠专利和技术上的实力，为企业提供技术上的保险，收取专利保险费用。

二、运营环节的模式

三种运营环节下有多种不同的运营模式或渠道，投资者可通过企业并购、专利拍卖、专利转让等多种途径来购买专利，也可以通过向专利运营公司投资资本或是托管专利权来实现对专利的投资；在专利整合运营环节中也有不同的整合模式，如专利盘点、专利组合、专利联盟等；对于专利运营收益环节而言，其模式与途径更是繁杂，如专利转让、专利许可、专利融资、专利诉讼等。具体内容如图 2 - 15 所示。

图 2 - 15　专利运营环节下的模式

无论是专利运营的何种环节，为了实现专利权收益最大化，专利运营模式的选择都显得尤为重要。在选择运营模式时，第一，应该明确专利运营是一种商业行为，其具体模式的实施仍取决于相应运营环节、运营专利产业特征以及其商业策略。各个产业因其属性不同，各有其专门领域的知识，所以在运营的模式和渠道上应该有所不同。例如，苹果公司与谷歌公司在通讯领域的专利竞购环节，并非可以一成不变地运用到生物医药产业上。第二，即使是在相同的产业，运营模式也存在一定程度的差异。以DRAM产业为例，Tessera公司以侵权诉讼为后盾，强求被告企业接受授权的商业环节，其拥有的专利大多与主流的DRAM结构无关，而是以封装技术居多，尤其是在micro BGA方面的专利技术。这类专利布局在产业链下游，却对产业链上游DRAM制造商、中游模组商以及下游系统应用商一并发动专利诉讼，正所谓以大博小，与另一家同样发动大规模诉讼的芯片公司Rambus相比，其商业环节是截然不同的。第三，在相同产品的基础上，仍会有不同的运营模式。例如，苹果公司与三星公司同在手机领域的专利运营，无论是商业策略还是具体商业流程皆有不同，因此导致市场占有率、技术走向以及客户基础均有很大的差异。第四，专利本身具有的时效性、地域性等特征以及各种形态、权能、组合等，也是具体运营模式设计的考虑因素。第五，纵使是相同的专利运营环节，也会存在不同程度的差异和竞争，这应该从主体特征出发，选择最易于操作、效益最优的模式。

以美国高通公司（Qualcomm）的专利运营模式为例。我们知道，如果你买一部CDMA手机，不论是谁生产的，手机价格中都包含了高通公司的"专利费"。高通的专利运营模式为其带来持续的巨额利润。

手机厂商要运用高通的知识产权，一般有三种模式：一是直接购买高通生产的专利芯片和软件；二是向已经得到高通专利授权的集成电路供货商购买芯片；三是利用高通的专利自行设计制作芯片产品。高通除了将自己的专利进行授权外，还会吸纳一些必需的第三方的相关专利来进行打包授权运营。

在专利运营中，高通通过"捕获期"条款，使授权的制造商能及时使用最新的高通技术。根据"捕获期"条款，授权厂商在一个标准的生命期内，可以使用高通公司未来的核心专利和非核心专利，而费率则保持不变。

由于靠专利来盈利，参与的厂商越多，高通的活力也就越多。高通把专利技术向全世界的通信厂商开放，降低了进入通信产业的门槛，使许可厂商不必重复研发，节省了大量费用，专心推出功能更强大、价格更便宜的手机，最终使消费者获益。以可采取 CDMA2000 技术的手机为例，2004 年，手机平均批发价为436 美元，用户只有 400 万；而 2006 年，手机的价格已经降到了 198 美元，用户增长到 5000 万。

但一开始高通并未采用专利运营这样的商业模式。1985 年艾文·雅各布创立高通的时候，正是无线通信产业由第一代仿真通讯技术向第二代数字通讯技术（2G）过渡的时候。当时，爱立信、诺基亚、摩托罗拉等通讯业巨头，创立了"全球移动通信系统"（GSM），成为 2G 的标准，把持了从通信基础设备到手机终端的完整产业链。而高通则独立开发了"码分多址技术"（CDMA），并使之成为另一种 2G 的标准。为了推广 CDMA 技术，高通自己开发产品，生产技术设备、基站、芯片，甚至手机。

直到 1995 年，第一个商用 CDMA 网络才由"和记黄埔"在香港运营。之后，高通抓住了韩国政府扶植通讯产业的机遇，把CDMA 技术推广到全球，并培育了像三星、LG 这样的通信产业新星。然而对于高通来说，什么才是它的关键资源和能力？什么才能保护它的利润率？答案不是它生产的设备，而是它拥有的专利权。

为此，1999 年，高通把系统业务出售给爱立信，把手机业务卖给了京瓷。这不仅避免了与通信设备制造商的冲突，而且通过专利授权扩大授权厂家数量，更能把资源投入到研究开发、战略收购、保护专利创新的活动中。这样高通把自己变成技术的开发商和提供商，而不是通讯设备的提供者。

高通的研发支出不断增加，到 2006 年，已占年收入的 20%。高通还设立风险投资基金，帮助技术及商业天才开发通信产业未来的技术，并通过股权关系掌握这些公司。此外，高通还对拥有互补型技术的公司，实行战略收购。例如，其在 2000 年投入 10 亿美元，收购拥有精准定位技术的 Snap Track 公司；在 2006 年投入 8 亿美元，收购拥有 OFDMA 技术的 Flarion Technologies 公司。

现在，高通是第三代移动通讯技术（3G）核心专利的拥有者。到 2007 年 9 月，全世界有 488 亿用户使用高通技术，参与的生产商近 1100 家，手机制造商 75 家。当 3G 还没有在全球完全普及时，高通已经拥有了能布署 4G 系统的团队。高通副总裁比尔·戴维森说，高通已经拥有 1000 多项核心技术专利，这些专利是 4G 的基石，如果有公司想绕过 CDMA，他们会非常吃惊。除了手机之外，高通甚至让笔记本计算机接入通信网络。2007 年 10 月 23 日，高通发布了 Gobi 芯片，可以让内置芯片的笔记本计算机使用全球所有的 3G 和 2G 网络。

高通公司通过建立独有的"关键资源和能力"——专利技术，运用专利运营模式，保护了自己持续的"利润流"。为此，高通与手机巨头官司不断，2005 年以来，高通起诉诺基亚将其 CDMA 的音频、下载、语音译码等专利技术用于 GSM 手机。高通通过专利运营的投资、整合、收益环节的不同运营模式，建立并集中力量不断强化自己的"关键资源和能力"，确保了自己的利润最大化。

由上述案例分析可知，专利运营的三大环节中，专利投资环节是基础，专利整合环节是关键，专利收益环节才是最终目的，一般而言专利运营主要集中在收益环节的专利授权与技术转移上。而多数运营者所发动的侵权诉讼，仍只是偶然的，与商业环节应该是持续获利行为的意义相违背。在专利价值体现途径上，人们过去根本忽略了商品化及产业化的形态及效益；而如何以诉讼作为后盾及手段，让权利人获得最大的经济利益或者竞争优势，也是长期以来没有人进行深入研究的课题。事实上，对专利权的操作及研究很少有从商业环节上的探讨，最多只是对各种专利权权能加以解释而已。受其影响所致，专利运营环节无论是在学理上还是在实务上的发展皆属落后，亦欠缺法规政策以及专业经验的配套支撑。

第三章 专利运营环节 I
——专利投资

第一节 概述

一、专利运营投资的概念

专利投资与支持创业企业的风险资本市场以及振兴低效率企业的私募股权市场相似，是主要支持专利运营的资本市场。"投资"的定义是指为了能够在将来得到更多好处，而在当前付出资金或其他资源的行为。推而广之，专利运营投资则是指为了能够在将来获得专利权及其衍生权利所带来的收益，而在当前付出资金或专利资本的经济行为。

从上述定义可以很清楚地看到，对于专利投资者而言，专利投资运营的最直接目的是获取能够开展运营的专利，最根本目的是享受专利权及其衍生权利所带来的收益。无论是哪种目的，均推动了专利权在持有者之间的流动。1983～2007年，美国风险资本和私人股本行业用于发明业务部门的投资分别猛增了1140%和1940%。2008年，风险资本公司和私人股本投资公司的投资总额达到1.6万亿美元（以2008年美元计价），是这一时期美国政府拨款用于学术研究的资金额5370亿美元的3倍。❶

---

❶ ［美］纳森·梅尔沃德："向发明投资"，载《哈佛商业评论》2009年第4期。

高智发明公司在过去 10 年来取得的令人称奇的成功，表明在提供资金和促使具有价值的专利转化为货币价值的强大的资本市场的支持下，专利投资运营如果能脱离制造业获得自身发展，将能更好地运行。所以，把发明活动当做一项以盈利为目的的业务更能吸引风险资金的投入。

专利投资目的根据投资者选择的投资主体不同而具有差异。一类是投资者投资于专利运营者而不参与专利的实际运营。这类投资者主要包括大型的跨国高科技企业集团、活跃的货币投资机构、重要大学投资基金以及实力雄厚的天使投资人等，它们的投资与传统的风险投资类似，主要是资金投入，期望通过投资于专利运营者，给它们带来高额的回报。高智发明公司的财力支持者，大多属于此种类型。另一类是专利运营者的投资。其目的是通过小额的资金投资来积累专利运营资本或者规避将来可能产生的风险。这类投资者不仅追求直接的经济回报，还希望通过获得帮助或者早日获得专利投资组合许可而得到收益。

二、专利投资的特殊性

专利投资的标的物为专利权，与其他资本有所差异，因此专利投资作为一种获取市场收益的经济行为，具有一定的特殊性，如图 3 - 1 所示。

（一） 投资于具有潜在价值的专利

事实表明，专利是一项将用于建立新商业环节、流动性市场和投资战略的高价值资产。具有潜在价值的专利可以提升专利作为资产的配置效率，进而提升经济体的效率。专利投资的核心是寻找对投资主体而言更具有运营价值的专利，因此在市场经济中，通过这种资产的流动使得专利与其他资产的契合度有所提升，进而提升整个经济体的效率。

图 3 - 1　专利投资的特殊性

（二）　专利投资的流动范围局限性较大

专利投资一般局限在某一行业或某一技术领域范围内。专利背后的技术是其价值的基础，因此专利的流动往往受行业与技术范畴的限制。一般而言，专利投资的流动范围较为狭窄。

（三）　专利投资运营的风险较大

专利价值比较难于确定，某些行业和部分企业的知识产权意识比较薄弱，新兴的专利投资运营需要专业的知识技能，都使专利投资具有较大的风险。对于专利运营者而言，这面临着一个鸡和蛋的窘境：其必须要能够有效和有益地利用专利具有的价值，以此来吸引投资者；但要组建这样一个良性的专利运营市场，则需要投资者提供的流动资金。

第二节　专利运营投资类型

专利运营的投资者通过货币资金或专利权资本投入来驾驭专利市场风险而得到高额回报。专利运营投资要获得成功，就必须把投资主体、专利运营者以及投资资本三者有机结合起来。专利运营投资资本包括货币资金与专利权，相应的投资主体为货币投资者与专利权资本投资者两种类型，如图 3 - 2 所示。

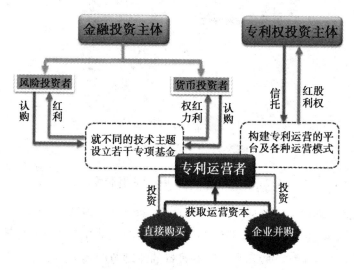

图 3 - 2　专利运营的投资途径

一、货币投资

货币投资贯穿于专利运营的整个过程，是知识产权经济和金融经济相互依存发展的主要方面。货币投资根据投资者以及投资目的的不同可以分为两种：一种是投资者向专利运营者的投资；另一种是专利运营者向第三方的投资。一些逐利的、类似于金融基金的专利运营公司也相应纷纷成立。运营公司一般会就不同的技术主题设立若干专项基金供投资人认购，然后将筹措来的资金用于在全球范围内收购相关技术主题的专利权，而相应的出资人则可以免费使用其投资的基金所收购的全部专利权，此为第一种货币投资。专利运营者为了增加运营资本，以货币的方式通过购买或并购的途径向第三方收购专利权，则是第二种货币投资。实际上，第二种投资是第一种投资的延伸。

（一）　投资者向专利运营者的投资

随着发明创造产业的诱人利益空间，国际上一大批非常成功且有名望的制造企业（如苹果、eBay、谷歌、英特尔、微软、诺基亚、索尼），学术机构（如宾夕法尼亚大学、圣母大学），以及一些其他机构（如世界银行、威廉和弗洛拉·休利特基金会）等纷纷投入巨额资金到专利运营公司。例如，在高智发明公司公布的报告中，高智发明公司为开展其收购和业务活动已共计花费了至少 50 亿美元。该公司的初始资金来自微软、英特尔、索尼、诺基亚、苹果、谷歌和 eBay 等实业公司。其随后的资金来源包括财政投资、大量的机构捐赠基金以及个人富豪投资。这些投资人包括威廉和弗洛拉·休利特基金会、宾夕法尼亚大学、圣母大学、格林内尔学院、查尔斯·里夫风险投资公司。比尔和梅琳达·盖茨基金会已向高智发明公司提议就抗疟疾药设备开展合作。据笔者所知，这只是一项高智发明公司生产的物理产品，是梅尔沃德作为共同发明人的核反应堆工作原型的一部分。

高智发明公司的投资分布于多于 5 支的基金，前述提到的投资人并不是指在其中某一支基金中投资的，也并不是平均地投资于每一支基金中。在 2011 年 5 月对赛灵思公司的诉讼中，高智发明公司被迫公布了其 4 支基金的投资人。其初始投资人除包括上面提到的公司之外，还包括亚马逊、美国快递、奥多比、思科、Verizon 和雅虎，当然，也包括赛灵思本身。

根据梅尔沃德的说法，高智发明公司所发起的基金是建立在公司可以使用相当一段时间的资本的承诺之上的。高智发明公司声称其组织结构和形式类似于一般的风险投资和股权私募基金。因此，高智发明公司努力实现近2%的管理费用和20%的附带权益，尽管事实上这一概念在不同的基金和不同的收购中可能有很大差异。

投资者一般只需要投入一定数额的资金，就不仅可以得到其所认购的基金所收购的全部专利的使用权，而且一般还可以得到该公司下其他基金的投资者的许诺，不得以其所认购基金收购到的专利权来对抗该公司。这是一种低成本获取专利许可和提高运营安全度的投资环节，自用防御两相宜。

但是我们也要看到，对于投资者而言，专利运营的投资也是一把双刃剑。一方面，专利运营者的幕后推手一般是相关行业中的技术领先企业，它们推动专利运营在很大程度上是为了利用他人之力来共同买下一些可能会对其产生影响的专利，防止竞争对手利用这些专利来对自己发起诉讼，从而提高自身的运营安全。因此，专利运营者也会留有专利投资者的诸多特点，如投资方作为公司股东可能会在很大程度上影响公司的专利部署方向和其他决策等。而另一方面，随着其自身专利储备的日益完善，这类专利运营公司的攻击能力也会随之增长。例如，高智发明公司自成立至今就已经收购了数千项专利，涵盖了光学、生物技术、机器人技术、芯片设计制造、电子商务和移动网络等诸多领域，并且已经在 GSM/GPRS/EDGE、CDMA2000/1XRTT/EvDo、UMTS/HSDPA/HSUPA、MIMO&Smart Antennas、Bluetooth 和 Mobile Multimedia Technologies & Applications 等领域内积累了相当数量的专利储备。一旦该公司向特定企业融资的愿望没有得到满足，谁都无法保证它不会举起专利大棒向这些企业砸去。

货币投资者一般有两种类型：一种是风险投资者。这类投资者将专利投资直接等同于金融衍生产品、对冲基金、私人股权和房地产的另一类货币投资选择方案。另一种是货币投资者。这类投资者不仅追求直接的经济回报,还希望获得帮助或者早日获得专利投资组合许可。这类投资者一般热衷于高科技、电信、金融服务、消费电子、电子商务领域的资金投入。一般情况下,风险投资的成功率并不高,因此,投资家们需要积极谨慎地计算投资所需的成本,计算的依据不仅是专利运营者所提交的专利技术以及商业计划书,更重要的是运营者的经验。

(二) 专利运营者向第三方的投资

专利运营公司可能会拥有从电脑到电信,到生物医药,再到纳米技术等广阔领域的专利组合,但是这些组合会随着专利保护期限以及技术的发展而发生价值的改变。这就需要运营者不断更新其专利组合,专利组合的更新需要新的专利加入,专利购买则是获取新专利权或专利申请的一种途径。专利购买是通过货币的形式向运营者以外的第三方投资。专利运营公司的投资有很多种方式,根据对美国 147 家专利运营公司的专利来源进行的分析,其专利组合是通过数种不同的交易类型建立起来的,包括战略投资、定向投资、特定市场驱动的投资,如图 3-3 所示。

1. 战略性投资

战略性投资主要是从技术发展角度来考虑,着眼于未来 10 年左右的发展空间。如果某项专利技术产业化比较容易,实施条件不是太苛刻,则这样的专利获得专利许可的几率就比较大,凭借此专利获得收益的渠道相对较多。此外,如果某项专利在现在或是未来的产业应用范围与应用领域比较广,则其价值就很大,专利运营公司对这样的专利也是大感兴趣,虽然目前不能即刻获得利益,但是未来的收益还是非常可观的。

2. 定向投资

目前高新技术日新月异,许多现代技术正朝着大型化、高精尖化和系统化的方向发展,各技术领域之间的界线也越来越错综

图 3-3   专利购买的目的

复杂和模糊，所以可跨领域应用、提高独占市场的能力、具有垄断市场效果的专利技术，也是专利运营者特别关注的重点。此外，某些产品被市场接受程度很高，围绕产品的专利所体现的价值就很大，这类专利也是专利运营公司定向收购的重点。定向收购是基于专利合围或是完善专利组合的目的，抑或是面向未来的新型技术领域而进行的，有目标的收购活动。

3. 特定市场驱动的投资

特定市场购买与产业政策息息相关，也就是该技术实施所在的产业与国家产业政策具有一致性。只有专利技术与国家产业政策相一致，才会得到国家及地方的支持，该类专利才会迅速形成产业。越是国家鼓励发展的行业，技术实施的价值越能够较快地发挥出来。目前，我国政府支持的战略性新兴产业的发展，导致新兴产业的专利数量也成倍增长，相应的专利运营公司对新兴产业领域中专利的关注度也与日俱增。

二、专利权投资

专利投资者主要是指专利权人或是具有专利支配权的个人或者团体。专利资本拥有者在风险投资过程中是极其重要的，因为他们手中有最新的技术专利；但是单凭他们手上的技术，并不意味着他们能够获得收益，他们期望与金融资本结合通过外部实体的运营将专利的价值最大化。一般情况下，专利投资者将技术专利权作为投资资本作价入股，取得股东地位，参与专利运营公司的红利分配。投资人没有获得即时兑现，而是以股东或合伙人的身份获得所投资专利运营公司的一部分股权，未全部或部分丧失专利所有权。技术专利入股进行专利运营是很多有技术但无资金的创新者实现专利转化、体现价值、获得回报、持续创新的捷径，也是商业合作谈判的重磅筹码。科研院所由于集中了知识资源但缺乏产业化资源，所以是技术专利入股进行专利运营的高发地。专利技术投资存在诸多不确定性和长期高风险性。专利投资者将专利作为资本进行投资运营一般要考虑以下风险：一是选择专利运营者的风险。主要考察其资本能力、融资能力、诚信度、价值观等。二是市场风险。包括市场接受的时间、市场寿命及市场开发成败，以及未来的市场需求和竞争者的替代产品介入等不确定因素。三是法律和政策风险。社会政治、国家或地方法律、法规、政策等条件变化的不确定性可能对专利运营未来的发展造成影响。当然，专利投资者在投资于专利运营者时，专利运营者也会对其技术的使用领域特征、技术的先进程度、技术的市场适应程度、技术成熟度、技术的未来价值等以及权利归属，专利权的时间性和地域性等进行细致的考察。

这类投资者主要是一些具有一定科研实力的科研院所或者个人，他们没有精力以及资金来让专利产生价值，从而将专利权投资到专利运营公司以期获得一定的收益。例如，MP3 格式的知

识产权有一揽子专利，其涉及的主要专利拥有者是德国的 Fraun-
hofer 研究院，其他的专利掌握在法国电讯和飞利浦等企业手中。
Fraunhofer 研究院向负责收取专利费的 Thomson Multimedia 公司
提供许可，由其向 MP3 下载公司收取 1% 的版税，硬件公司则每
单位支付 50 美分。Thomson Multimedia 公司的专利除了来源于
Fraunhofer 研究院外，还来源于汤姆逊公司、Coding 技术公司、
Fraunhofer 公司等。飞利浦、法国电讯也委托意大利 Sisvel
S. P. A 向全球多家企业收取专利费。Sisvel 公司也是一个专利运
营公司，其主要职能在于为专利持有人代为收取专利费，中国的
华旗资讯公司也投资多项专利委托其经营。

美国 Digitude 公司成立于 2010 年，从艾提杜公司❶筹集了
5000 万美元开始业务，其主要业务是整合专利通过专利诉讼来
获取收益。2011 年 12 月，Digitude 公司针对 RIM，HTC，LG，摩
托罗拉，三星，索尼，亚马逊和诺基亚等智能手机与个人电子产
品厂商在 ITC（美国国家贸易委员会）发起专利侵权诉讼，其中
包括两项美国专利 US6208879（Mobile information terminal equip-
ment and portable electronic apparatus）、US6456841（Mobile com-
munication apparatus notifying user of peproduction waiting informa-
tion effectively）。而值得注意的是，这两项专利是由苹果公司在
2011 年转让给一家名为 Cliff Island LLC 的空壳公司的 10 余项专
利中随后再次转移到 Digitude 公司的 2 项。人们对此的看法不
一：一种看法是，苹果公司可能是受到了 Digitude 公司的威胁而
被迫将专利转让给了 Digitude 公司；但是，另一种看法是，苹果
公司是有意为之，通过将专利转让给另一家公司（尤其是一个
"专利海盗"），一方面仍然保留自由使用专利技术的权利，另一

---

❶ 艾提杜公司（Altitude Capital Partners）也是一家以知识产权为核心的私募基金公司，由
Robert Kramer 于 2005 年在纽约市创建，初始融资 2.5 亿美元，专门投资知识产权。

方面还可以从受让公司之后发起的诉讼赔偿中获利，同时还可以免去被外界斥以"爱诉"的名誉。❶ 实际上，Digitude 公司采用的是一种新的专利投资工具，它尝试与一些战略性伙伴合作，这些合作伙伴投入 Digitude 公司的并非金钱，而是专利，它们可以享有 Digitude 公司的专利的许可授权。

需要强调的是，货币投资者与专利投资者之间绝没有严格的区分，任何企业或者个人，既可以向运营者投资货币，也可以投资专利。例如，专利投资者无论是出于自己使用相关专利权的需要，还是出于防止他人买去用来攻击自己的防御性目的，抑或是仅出于一种投资的需求，都可以既出资专利，也可以购买专利运营公司所设立的各个基金的份额。

第三节　专利运营投资流程

要让货币投资者获得最大收益的回报，让专利资本拥有者有高额的收益，光靠个体是不能完成此项工作的，这需要一个有经验的运营团队，因为只有团体才能保障并实现投资者的收益。因此，投资者一般热衷于向高智发明公司这样的专利运营公司进行投资。此类公司作为投资者的载体，一般是由一批具有高度成就欲望的人组成，并且他们都属于工程、市场、销售、法律和研究开发等领域的高手。专利运营者最终要把投资资本及大部分收益回馈给投资者，为此专利运营者极力寻求将专利变为现金的各种可能。

此类专利运营者在专利投资运营中有很大优势，主要体现在以下几个方面。

（1）克服了发明投资的高风险性。此类通过积累形成大型

---

❶ http://techcrunch.com/2011/12/09/apple-made-a-deal-with-the-devil-no-worse-a-patent-troll.

投资组合来分散风险的模式，开发了一个由涵盖广泛技术领域的数以万计的发明组成的多元化投资组合，有效降低了风险。

（2）全过程的质量控制。之前在美国知识产权市场上出现的一些新的知识产权交易模式，如 RPX 公司提供专利风险解决方案的环节，Ocean Tomo 公司推出的知识产权拍卖环节、知识产权坐市商交易系统环节，以及另外一批企业推出的知识产权债务融资、知识产权银行、知识产权记分牌等新的商业环节，都是基于已有的发明创造成果（已有专利）而进行的交易环节。此处的运营公司与它们不同，而是从发明创造源头就进行控制，选择市场需求大的主题，整合优质研发资源，以市场为导向确定专利申请的时机和模式，以市场、客户为导向建立专利池，以确保专利的高质量。

（3）强大的人才队伍和营销能力。运营公司的高管团队具有丰富的企业管理、技术经营、法律、金融管理等方面的经验，员工则包括了大量的技术、法律和经济三方面的专家，并建立了全球发明网络。运营公司还拥有雄厚的资金实力，并且对相关高科技产业、企业比较熟悉，建有广泛的联系，能够有针对性地为企业建立专利池。

一、运营者的投资运营方式

专利权投资者一般采取信托的模式向专利运营者进行投资。投资者一般对专利运营者进行独家特许，允许其对相应专利进行融资收益。具体运营方式如图 3 - 4 所示。

第二种货币运营者的投资方式主要体现在专利运营者对专利权的获取上，专利权的获取最直接的体现就是专利购买，购买专利的目的是在短时期内增加投资者的专利运营筹码而不是专利产品化。

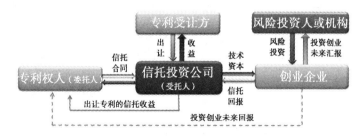

图3-4 专利权投资的流程

（一） 专利投资途径

专利运营公司一般会从个体发明人、不同规模的企业、政府机构、研究机构和高等教育机构获取大量专利。购买模式除直接购买外，还包括企业并购中购买、专利拍卖等交易中购买等，如图3-5所示。

图3-5 专利购买途径

1. 直接购买

直接购买是指专利运营公司出于持续创新技术、维持专利组合活力、巩固市场地位、控制产业发展关键技术等目的，需要直接向专利权利人出资购买所需专利权的行为。直接购买专利可以根据相应的技术确定所需专利的信息后直接与专利权人沟通实现点对点的买卖，也可以通过中介组织进行。这种购买模式的关键是在专利权的转移上，一般会出现专利权转让和许可两个方面，这要根据买卖双方的协议来约定。例如，2012 年年初，微软公司斥资 10 亿美元购买了美国知名网络服务提供商"美国在线"800 多项技术专利和其他专利使用许可，凭借这次交易，微软不仅补充了现有专利库，提升了技术实力，同时在几个月后通过专利运营公司将部分专利转售给 facebook 对谷歌等竞争对手造成了一定冲击。高智发明公司在高校进行专利收购为其开拓技术眼界、寻找潜力技术点提供了洞察力，高智发明公司声称其与 400 多家高校有合作关系，可以轻易地得到一项专利的独占商用许可，而无须办理专利权的转让登记。依据对近 50 家与高智发明公司签订了协议的高校的调查，这些协议中的一部分可能涉及专利的许可与销售，一部分涉及高智发明公司在高校的投资活动，其他部分则可能涉及未来创新成果的一揽子转让计划。这些模式实际上也是一种专利购买的模式，与微软的区别只在于专利权是否转移。

高智发明公司投资于现有发明。在其投资组合中超过 3 万项发明的大部分都是购买获得的。该公司的并购业务策划团队研究了现有以及潜在客户所持有的专利，确定他们的技术需求，并尽力设计满足这些需求的专利投资组合。评估师和买家对市场上的发明进行评估，决定是否投标并确定竞买价格。高智发明公司购买专利的重要来源之一是个体发明人。许多个体发明人都没有写商业计划或兴办公司的兴趣，他们宁愿把自己的发明许可他人使用，自己则继续进入下一个伟大的创想。像高智发明公司这样的投资公司为他们省去了寻觅专利使用者并与许多潜在的被许可人单独谈判的麻烦。到目前为止，高智发明公司已经向个体发明人支付了大约 3.15 亿美元，这使得个体发明人成为高智发明公司最新资本的最大来源。大学和非营利研究机构是高智发明公司的第二个发明来源。由于缺乏资源来充分开发其商业潜能，学术界产生的专利被惊人地大量闲置。美国较小的学术机构和美国之外的许多大学通常没有足够的资金支持其成立一个技术转移办公室。即使有技术转移办公室的机构也只能出售其极小部分的发明成果——通常是那些完全在它们内部创造的以及容易获得授权或出售的部分发明。其原因是，来自不同机构的科学家合作产生一个构想（现实往往就是这样），而这个构想的专利是非常复杂的。学校在组织一次交易所需的资源的投资方面犹豫不决。或者说，当面对一些潜在客户，或者客户视无视它们的专利时，它们不能胜任将专利成果货币化的工作。一个发明资本公司可以承担这种艰苦的工作，因为其可以通过非常多的交易来摊销大量授权的固定成本。迄今为止，高智发明公司已经为超过 100 家机构提供了专利分析、专利申请和授权专业知识以及现金支持。

有时，高智发明公司会利用更多偶然发现的高质量专利来源，如那些将自己的专利放在市场上进行拍卖或直接出售的衰落或破产的公司，这些公司失败的原因是它们对于其构想的质量好坏的确定束手无策。通过提供一个解散初创公司的现成的市场并提出在时间上先于它们的构想，高智发明公司把资金重新投入风险投资体系，以使其可以用于资助新的企业。这种交易也可以救援好的发明成果，防止其遗失。例如，高智发明公司曾关注 5 家曾在同一空间运作的医疗设备创业公司，当时 5 家公司都处在衰退倒闭的各个阶段。它们的技术不错，但经济状况根本不支持在这一领域存在这么多的竞争对手，而且风险资本家不愿意向它们提供更多的资金。高智发明公司就考虑了一揽子交易模式，即将它们的知识产权组合重建为一个更大的知识产权包，然后可以卖给更强大的创业公司或者像通用电气、巴克斯特或强生公司一样的大公司。

由此可见，只要是出资获得专利处置权就可算是直接购买。根据高智发明公司与巴西最大的学术机构之一坎皮纳斯大学的协议，高智发明公司获得了优先使用该大学的发明提交 PCT 申请的权利。换句话讲，该大学可以在本土申请专利，而高智发明公司则有权在世界范围内提交 PCT 申请。这份协议还包含了关于未来双方进行商业活动时的收益分红条款。类似的协议在其他发展中国家的高校中也同样存在。这的确是一条通往获取专利权和未来创新的前瞻性途径，但它也可能成为公司发展中的隐患。例如，假设这些学术机构中的某些个人对这项协议并不满意，则他们可能会尽量不在协议规定的范围内开展创造性活动，或者他们更可能将自己的工作成果无偿捐助给那些无法申请专利的活动。一旦出现这样的情况，对学术机构、高智发明公司以及整个世界创新将都是非常糟糕的结果。

2. 企业并购

专利购买常见于企业间的并购中。随着经济的全球化，企业间的并购现象不断增加。并购是合并与收购的合称。合并是指两个独立的公司组成一个公司，若保留其中一个公司的资格则称为合并，若原来两个公司均归于消灭而成立一个新公司则称为新设合并。而收购则是指一个公司取得另一个公司一定比例的股份，从而取得对该公司的控制权。并购的考量因素已经从传统的成本与规模效应因素逐渐转化为专利等因素。传统上基于专利因素的企业并购的主要原因有：一是希望获取并购对象所开发的有价值的专利技术资产；二是快速扩大专利的市场范围。要实现专利在多个国家投资产品化并拓展市场需要很高的资金成本和时间成本，收购目标市场内具有专利实施能力的企业，可以快速扩大专利的市场范围，实现专利技术的全球化利用。例如，宝洁公司在我国收购了大量的日用化工企业，使得其飘柔、海飞丝、潘婷等品牌快速占领并垄断我国市场。在专利领域，这样的例子也比比皆是。

绝大多数的企业并购活动，都涉及并购目标企业的专利资产处置。而有些企业间的并购活动，是直接以专利资产的获取为目标的，称为基于专利的并购。通过整体并购企业而全盘获得其专利，是当前在迅速发展的一种专利贸易。与传统的专利许可或转让的贸易模式相比，基于专利的企业并购不仅能够获得其知识产权，还能够同时获得将知识产权迅速市场化的环境和条件。

在知识经济时代，专利成为企业的重要战略要素和核心竞争要素，企业在获取专利方面的竞争日趋激烈。通过并购获取技术不失为赢得专利战争的明智之举。通过并购获得专利，能够使中小企业在相对较短的时间里成长为具有较多资产的价值实体。日本是知识产权发达的国家。从 2003 年开始，日本企业获取的专利使用费用第一次超过其所支出的专利使用费用，这与其在 20世纪 90 年代并购了 450 家美国公司从而获得其专利资产是密不可分的。很多西方国家的顶尖企业也成功地运用了企业并购来获取专利，如美国的思科系统公司和微软公司。思科系统公司近20 年来并购了大大小小约 100 家企业，其始终将并购小型企业的专利技术作为其保持技术领先优势的基石之一；微软公司的核心技术 DOS 和邮件处理技术 OUTLOOK，也是通过并购小型创新型技术企业的模式获取的。据《亚洲并购》统计，2006 年中国的并购市场中由风险投资所带动的科技并购有大幅度的增长，2005 年中国公布了与科技相关的并购交易 66 起，而 2006 年增加到 98 起。2004 年 12 月 8 日，联想以 17.5 亿美元收购 IBM 全球 PC 业务，最重要的是 IBM Thinkpad 品牌和有关 PC 技术。而IBM 公司则扔掉了一直处于亏损状态的 PC 业务，并以此换取了联想第二大股东的地位，成功实现了专利价值的转换。

基于专利的企业并购，以专利的获取为直接目的，其最终目的是将并购目标企业的专利资源转移到并购后的新企业中。而这一企业并购背景下的专利资源转移，并非等到并购交易结束后才开始的，而是在并购前就已经开始。从制定专利的并购计划，筛选目标企业，评价目标企业专利资源的价值，到并购谈判和交易结束以及并购后专利的整合过程，是一个始终贯穿专利资源转移目标的企业并购活动。一项成功的基于专利的企业并购的全过程，可以分为并购前管理阶段、并购中管理阶段和并购后管理阶段。每一阶段都将对并购后专利资源作用的发挥产生重要的影响。为了达到企业预期的并购目标，必须在考虑并购者与被并购者各自拥有的专利资源及其相关的结构特性的基础上，在不同的并购阶段进行有效的管理。忽略其中某一个环节的管理，都会给并购后的知识产权资源的转移和其价值的创造带来损害，从而影响并购的效果。

（二） 专利投资关键

在购买专利时，专利运营公司与专利权拥有者之间往往存在一个博弈过程，双方都希望处于有利的地位。因此，在购买专利时，专利运营公司的操作细节就显得非常重要。

1. 专利运营公司一般不暴露其真实身份

专利运营者通常都不愿过早地暴露自己的身份。这是因为买方不愿意过早让卖方或公众知道其商业意图。这样可以避免卖方漫天要价，也可以避免因为专利集中而遭到公众非议。专利运营者一般会通过第三者或者是空壳公司来经营，高智发明公司在全球就有 2000 余家公司来收购专利。

2. 确认专利权人

在专利交易中确认卖方的身份也显得尤为重要。主要要明确：卖方所出售的专利权利主体是单位还是个人；权利人的数量，特别是多个单位和个人的共同发明，其交易必须要取得共同发明人的一致同意；此外，还要注意专利交易时职务发明和非职务发明的问题。专利运营者一般比较倾向于收购科研院所的专利，主要原因包括：一是这样的专利技术一般是产业发展的前沿技术；二是该项技术一般还未产业化，对市场预期不确定；三是出售价格相对低廉。

3. 专利回授使用权问题

在某些情况下，卖方会请求非独有的专利回授使用权，以保证其还在进行的生产能够持续运作。这是专利运营者一般不希望出现的事情，因为专利运营者一般会通过此专利来获得垄断市场，而不希望有任何漏洞存在。在不得已的情况下，必须要有回授使用权，专利运营者一般将专利回授的具体条款写入专利授权转让书中，而不用另外签订专门的协议。

二、运营者的投资流程

要对一项专利进行投资，有经验的专利运营者一定会从技术、产业、市场的角度来进行评估。一般投资流程如图3-6所示。

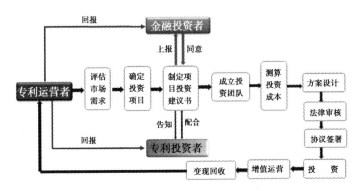

图3-6 专利运营者的投资流程

（一） 评估市场需求

一个具有投资价值的专利必须要有一个好的技术，所以有经验的投资者一定会从技术的角度来评估该项专利。但是有一个不得不承认的事实，即对于一项技术而言，市场能否接受、进入市场是否及时、采用该技术的新产品是否可靠，都是更为重要的因素。因此，专利运营者们首先会从市场的角度来评估技术，如技术、产品和市场需求会如何发展，当前市场竞争的激烈程度如何，新产品如何打入市场等。

（二）　构建运营团队

更重要的是，是否有一支能将技术变为现金的有经验的管理队伍，因为只有他们才能保证这项技术及时进入市场。因此，专利运营者期望的管理队伍是由一批具有高度成就欲的人组成，并且他们都属于工程、市场、销售和研究开发等领域的高手。在做投资决策时，对这项专利技术的经营管理水平评估的重要性，无论如何进行强调都不过分。这是因为，如果运营团队只有一个低能的管理阶层，即使是最出色的技术或产品也是不可能成为一个创造经济效益的筹码的。难怪曾经有一位专利运营者在被问及他的经营准则时说："第一是管理，第二是管理，第三还是管理。"

（三）　测算投资成本

一般情况下，专利运营的成功率并不高。因此，投资家们就需要极为谨慎地计算为发展风险投资所需的成本。IBM、高通公司等业界巨头通过经营专利，获得了令人惊羡的经济收益，使得专利不再只是一纸尘封的证书，而是可以创造企业利润的商业宝藏。然而，在看到专利经营的财富回报时，也要看到专利经营的成本负担。根据一项统计，财富100强的大公司在一些主要国家或地区，从获得一项发明专利到维持发明专利20年有效期，大概要花费25万~50万美元。❶一家公司如果拥有上百件专利，则其维护费用不难想象是十分惊人的。因此，专利被称为富人的游戏，在某种程度上似乎的确如此。从事专利经营需要如此不菲的成本，

---

❶　陈筱玲、萧添益、简明德等，"科技导向企业的智慧资本制度"（2002年培训科技背景跨领域高级人才计画海外培训成果发表会论文），载http://iip. neeu. edu. tw/mmot/upload/file/SPaPer. Pdf，最后访问日期：2007年2月25日。

那么做好专利的成本控制就显得至关重要。作为无形资产，专利不像有形资产那样具有相对稳定的价值，一项专利如果发生被宣告无效或出现替代专利等情形，可能立即变得一文不值，所以投资专利存在相当的风险。面对高风险的专利投资，假如没有良好的成本规划和控制措施，不仅可能难以获得专利经营的收益，反而还有可能因为巨大的成本支出而让专利运营者不堪重负。

专利经营的成本产生于很多环节。在专利的研发、申请、维持、利用、保护等环节都会发生成本的支出；如果把视野扩展到企业与外部的专利交易，则还将在专利的许可、转让、价值评估、尽职调查等环节产生费用的问题。从广义上讲，专利经营的成本可以包括金钱成本、时间成本与人力成本等，但这里的关注点主要集中在金钱成本上。这些金钱成本的构成可以从多个角度来解读，如细分为官方费用、研发费用、管理费用、交易费用、代理费用等；当然也可以做更具类型化特征的区分。

专利投资者在计算投资成本与收益的时候，需要分析专利技术所处的产业发展状况，常常要分析产业以前三五年或八年甚至更长时间的情况；他们需要评估一个新兴技术从实验室到市场所需的总资本。后者对于大多数信息产业的专利技术而言需要 3 ~ 5 年的时间，而生物技术专利则需要更长的时间。专利运营者还要评估 5 ~ 10 年后该项专利技术所能带来的收入和利润，从而评判投资者投资收益的目标能否达到。

（四）　专利投资执行

专利投资流程通常分为以下几个阶段。

（1）寻求交易：确定专利相关信息，明确专利权拥有者，初步沟通明确购买意图。

（2）价格磋商：卖方进行报价，买方进行市场预测，双方经过价格磋商；当价格不被接受时，则进行新一轮的价格磋商。其过程如图 3 - 7 所示。

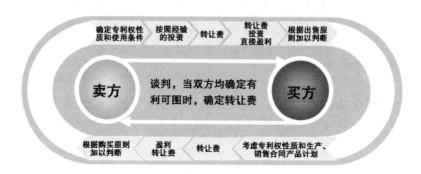

图 3 – 7　专利价格磋商过程

（3）合同磋商：双方起草修改合同并将合同返还给对方，最终确定合同。

（4）签订合同：确定目前专利权交易合同的具体实施条款及相关的款项支付方法。

（5）监督实施：如有权利转移，则须双方办理相应的法律手续。此外，买方需要监督卖方所交付技术资料的完善程度、技术可行性程度、有无技术指导以及有无改进或许可第三方并收取转让费等情况。卖方需要监督买方的付款情况以及纳税状况等。

（五）　投资收益分配

一般来说，作为投资载体，专利运营者最终是要把投资资本及大部分的收益回馈给原始投资者的。在其经过投资获得一定的专利运营资本之后，便要开始寻找将专利资本变为现金的各种可能。只有这样，专利运营者才能把投资收益回馈给投资者，并将回笼的资本投到新的运营项目上。常见的投资收益途径纷繁复杂，主要包括专利转让、专利许可、专利融资、专利诉讼等多种途径。高智发明公司是通过专利许可回收投资的一个成功范例，该公司通过组建顶尖团队寻找最佳投资机会，直到旗下基金通过自创、购买、合作三种模式创建具有完全经营权的专利池，面向全球市场经营专利池，从而实现盈利。

第四章　专利运营环节 Ⅱ
——专利整合

　　要从专利权中获利，专利运营者必须了解这些专利权是否可以有效且有价值地运用在相应产业上。若答案是肯定的，则需要考虑如何进行整合让这些专利权产生收益，这就需要对专利进行梳理或者整合。

　　目前，大部分专利运营者（特别是以科研或生产产品为主的企业）的市场知识与进行交易的基础设施均显不足，这是因为它们倚赖内部的业务开发人员和专攻特定领域的科技专家来对专利资产进行管理销售。其实，专利运营者在对外寻求律师、银行家管理专利资产时，也应该借重外部专家确认专利资产的应用商机，将构想落实为真正的收益。举例来说，化学领域的工程师不太可能知道用于分离大气气体的原料和流程能够帮助半导体制造商减少生产高价值集成电路芯片所需的时间与金钱，但是一家中型化学专利运营者在外部科技人员组成的专家网络协助之下，发现采用大气气体可节省这类芯片的生产成本达 20%，相当于 2 亿多美元的价值。所以说，专利运营的成效还需要全方位的人才团队来支撑，什么样的收益方式需要什么样的人才，这也是专利运营整合的关键即人才整合。

　　大部分专利运营者在缺乏相关关系或其他产业经验的条件下，通常无法确认商机，或者创造最佳的运营条件，因此要靠一己之力推动专利权运营，犹如缘木求鱼。有些专利运营者只是在互联网上的无形资产交易市场上集中登记，然后等着顾客上门，听由委任律师或业务开发经理负责交易的谈判。相对地，上述的中型化学专利运营者明白自己对其他领域的授权安排所知有限，不会假装知道自己的气体分离流程使用权的价值高低，因此它聘请专家测试市场反应，寻找买主，完成交易。所以，对于专利运营者而言，构建运营平台也是专利整合的中心任务，只有构建切合实际的运营平台，才能充分地收集运营资本，有效地实现收益。

当然，专利运营者要实现专利价值的最大收益，需要整合的因素很多，其中尤为重要的有汇聚专业人士、梳理专利资源、构建营销网络。本章主要从运营平台、专业人才以及运营资本整合三个方面来说明其对专利运营的重要性。

第一节　运营平台整合

在美国等西方发达国家，专利运营已形成一个相对完整的产业链，专利运营者的运营方式各具特色。例如，高智发明公司以大型发明投资基金为主要运营方式，Logic Patents 这样的中小型专利运营公司以传统的交易方式为主要业务，ICAP 专利经纪公司以知识产权经纪业务见长，RPX 公司专门为企业充当专利"保护伞"，UBM TechInsights 与 IPXI 以为市场主体提供知识产权管理方案为主营业务。上述这些公司开展业务均是基于自身运营平台。专利运营平台即是运营者围绕专利运营的方式、目标而构建的管理、运行、展示的综合性交易平台。专利运营平台可以是一个实体机构，也可以是松散的团体；可以是封闭式的组织，也可以是开放式的组织。无论是何种形式，均应该有明确的定位、确定的目标、核心的人员，同时也应该有一套严格的运行机制。这种平台一般包括后台管理与前台展示运营体系。专利运营平台对于专利运营来说是必不可少的，运营者无论以何种方式来进行专利运营，均会构建相应的专利运营平台。运营平台是运营资源的集合体，可以明确运营者的主要业务方向，促进专利权运营市场的形成，积极活化专利权的交易，提升生产专利的质量以及增加专利运营的收益。一般而言，专利运营者在整合运营平台时会围绕运营专利所集中的产业特点和运营融资模式考虑如下因素：运营定位、价值主张、管理流程、专利标的、竞争差异、市场营销、多元延伸、跨国语言、组织架构、人才支撑等，如图4-1所示。

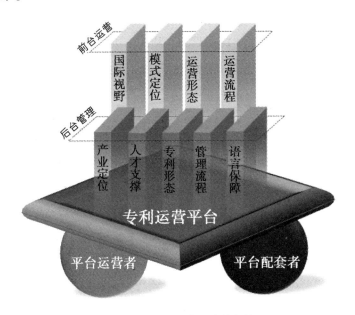

图4-1　专利运营平台的架构

鉴于此，专利运营平台整合需要建立基本架构，再在此基础上设计运营流程，并通过平台来整合相关资源，展开诸如专利的有效性确认、权利范围认定、价值评估、商业包装等具体业务。专利运营平台整合的关键是要明确平台的定位、价值主张、具体呈现、运营流程、国际市场以及关系网络和专利运营形态呈现的方式。对专利运营者而言，运营平台的架构并不是一成不变的，需要根据运营者所处的产业以及融资方式来确定。

一、明确运营平台定位

专利运营平台要有明确的定位，定位主要是围绕专利融资运营方式来确定的。是以专利许可、转让为主，还是以专利担保、质押、信贷、保险、证券化为主，或是以专利诉讼为核心业务，或是上述业务兼而有之，在整合与搭建专利运营平台时均须有个明确的界定，这样才能展开平台的整体设计。例如，以授权许可为主的宇东公司（Transpacific IP）自身并不研发技术与申请专利，其定位则是向专利权人买断专利权来进行经销运营。

无论定位为何种类型的平台，都必须确保平台有稳定的运营专利资本以及运营资金的持续供应。如果运营平台没有以此为基础，则要进行持续的专利运营是不太可能的。

分析国际、国内众多的专利运营平台可知，多数专利运营平台有个共同的问题，在于"贪多"二字，业务包括所有的产业技术领域。这样的运营平台构建费时、费力，并且资源整合大多难以为继，这样的专利运营很难成功。实际上，运营平台宜先寻找自身聚焦的项目，然后通过对运营要素、操作流程、呈现方式以及相关资源的配套进行充分的论证与方案设计后，开展前期的运营尝试，再进一步纠正与扩展。这才是平台构建的最佳途径，只有这样搭建的专利运营平台才可持续发展。总而言之，"舍"是平台搭建的最大挑战，最重要的是不从事何种业务。只有慎重地选择产业以及目标客户，舍弃无助于平台发展的业务，才有助于运营平台的聚焦与定位，逐渐培养自身核心竞争力、配套的人力及资源，将来才能创造无穷的延伸或衍生效益。

纵观全球的专利运营平台，还没有以专利诉讼为最终定位的运营平台，专利诉讼大多在运营平台构建、整合、完善过程中以过渡性的方式存在，等到运营者搭建的运营平台在市场中立足后，这种以专利侵权诉讼为主的运营平台即可功成身退，回到常规运营的商业形态。专利诉讼是运营者进行专利融资收益的一种手段，如果要设计一种以专利诉讼为主的运营平台，将会受到市场的排斥以及法律的限制，同时其获取侵权诉讼的对象、时间、地点等信息也有较大的难度。

此外，专利运营平台还需要考虑产业定位的问题。在产业定位方面，专利运营平台应该有所聚焦，并依此建立完整的资料库，以涵盖产业链、价值链、供应链、产品、技术以及专利等大量资料。由于产业及专利等庞大资料库的建构需要投入大量高级人才以及资源，因此发展初期应适度聚焦，只专注于少许特定的产业。在产业领域的选择上，则应考量专利运营平台所处的环境以及可用的资源。例如，BTG 在生物技术医药领域拥有大量的专利资源，遂将平台限缩在该领域进行专利运营，加上欧美无论是授权机制还是投资环境都比较成熟，方能支撑 BTG 通过平台进行专利运营的成功。

二、平台整合时的相关考量因素

运营平台的设计与整合应考量相关因素，这些因素包括价值主张、具体呈现、运营流程、国际市场以及关系网络等。目前，全球仅有少数的专利运营者将这些要素加以整合，并且通过专利运营市场的形成，在市场中扮演重要的角色。❶

在价值主张方面，平台则应有明确的途径体现出运营专利的价值，这需要平台中有相关的定价机制、收费机制等。通过定价机制考量，可以迅速定出使用者所能接受的价格方案，其定价背后须连接产值观念以及对竞争对手专利的差异性与有效性分析，

---

❶　周延鹏：《智慧财产——全球行销获利圣经》，天下杂志股份有限公司 2010 年版，第181 页。

只有这样的价值主张才能在运营时经得起验证。在平台运作上，只有汇聚产业领域的相关资料，才有能力对专利进行品质验证而提出适合市场的价格。此外，平台构建要考虑其收费机制，主要包括收费的时机、类型、阶段等。例如，可要求需求方先行缴纳订金，之后在运营过程中附带收取专家费用、服务费用、权利金等；平台应该翔实记录经营双方的交易操作，以作为收取费用的依据。此外，如果涉及是否对专利品质进行保障的法律风险因素，也会影响到收费的具体操作以及双方的合同条款。所以，价值主张对平台的运作方式及运营双方均会产生很大影响。另外，在具体呈现方面，应该跳出具体的专利号码以及发明技术摘要等形式资料的框架，还要考量有形产品的产业结构、产值结构、产品结构、技术结构等。

至于专利运营平台的工作流程方面，如同制造业的成熟作业流程包括生产管理、成品管理、物流管理以及质量控制等生产步骤，并均有其架构及规范，专利运营平台也应该建立相应的工作流程以及品质管理、风险管理等。此外，平台本身应区别对外使用的运营流程以及内部进行的后台管理流程。流程管理是专利运营平台的关键，要是平台构建没有将流程管理纳入其中，这样的平台将会是杂乱无序，注定会失败的。这也是目前许多专利运营者在设计平台时最缺乏的思维以及经验。

在国际市场方面，由于专利的运营市场均以全球布局为要务，关键性专利须在全球主要生产及销售市场进行申请、维护及管理，不局限在专利运营者所属国家或区域，专利运营平台设计亦应着重交易的跨国性及全球性，所以除了对语言翻译的流畅度和精准度要求外，如何整合跨国性专利运营的方法流程，更是搭建平台的关键。因此，专利运营平台设计必须考虑跨国性以及多种语言的因素，只有这样才能具有一定规格与发展空间。

三、运营平台的呈现方式

在进行专利平台的整合设计时，除了通过专利组合、家族、群集等多种专利形态的呈现来使专利价值最大化之外，还需要尽可能促使运营形态多元化，从而使运营收益最大化。这就要求运营平台包括针对运营模式量身定做的操作流程，同时需要对延伸服务的组合及范畴进行设计，如顾问服务或技术指导皆可包含于其中，从而扩大平台的运营规模。所以，平台背后需要有评估、包装、组合、规划商业模式及运营条件的负责人员以及外部支撑单位，只有根据需求方的意愿、围绕专利运营提供多元化的服务，才能吸引更多的投资者，专利运营才能充满活力。例如，在进行专利转让运营时，若能附带人员提供技术协助，如专利权利的转移以及技术培训，或是帮助受让方缩短商业化所需的时间，则将更能切合受让方的需求，同时也会为专利运营者带来额外的收益。只不过这要求运营平台提供更专业的知识与操作经验。

近年来网上技术市场在全球范围内的兴起，为专利运营的开展带来了革命性的变化。由于网上技术市场在提高专利运营效率、减少交易双方的信息不对称、降低交易成本等方面比传统技术市场有明显的优势，因此，网上运营平台自 20 世纪 90 年代初在美国最初创建以来，就在世界各主要国家获得了迅速的发展。其中以美国的网上运营市场最为典型，拥有 yet2.com、tynax、UTEK、UVenure、TechEx、Pharama-transfer、Innocentive 等众多领先的网上技术市场。这是因为美国不仅是全世界 B2B 电子商务最发达的国家，也是信息服务最发达的国家。日本和欧洲网上技术市场的发展紧随其后。日本最大的两个交易中心之一——JILC 在 2003 年建立的 e-technomart 就是一个完全意义上的虚拟交易市场。欧洲网上技术市场主要有 1998 年由德国研究与教育部创立的 innovation market，以及一些传统的技术交易中心设立

的网站，如德国史太白促进经济基金会、英国技术集团等。国外
利用网络技术建设的专利运营平台有如下几种，如图4-2所示。

图4-2 国外专利运营平台的呈现方式

（一） 网上综合服务型

综合服务型的网上运营平台的特点在于不仅拥有较全的专利
信息，还能提供全面专利技术交易服务的增值服务。美国的
yet2. com、tynax可以说是这类平台的典型。

yet2. com通过其信息平台为专利供给方寻找买家、为专利需
求方寻找适当的解决方案。其服务可以总结为专利许可服务、专
利获取服务以及会员服务三大类。其收入主要来源于信息发布
费、交易费和增值服务费。无论专利供给者还是专利需求者，发
布一条信息都必须缴纳一定的费用，有效时限为1年，每笔交易
收取总交易额15%的交易费；对于增值服务费，则视客户所要
求服务类型的不同而有不同的收费档次。

Tynax是通过网上专利技术交易平台为买家、卖家和其他中
介机构提供独特而全面服务的专利运营公司。其平台上专利资源
信息的获取是免费的，公司仅在与客户建立真正联系后收取佣

金。可以说，Tynax 的运营环节是面向市场，无专利的研发和生产，扮演为专利的各类交易提供联络服务的中间人角色。其主要的业务包括专利转让与许可、专利购买、资产剥离、技术转让等。

（二）　大学技术转让型

2003 年，美国排名前 200 所大学的 15500 新发明中。利用率只有 30%。针对这种成果利用率不高的情况，作为大学教授的 Dr. Clfford M. Gross 于 1997 年创立了 UTEK（宇泰公司），致力于将大学的研究成果转化为现实的生产力，从而成为利用大学专利资源运营的创始者。目前，UTEK 已经成为一家在业内具有领导地位的专利运营公司。UTEK 的主要业务是将那些具有潜在商业价值的专利，转让给那些努力寻求产品差异化的公司，帮助其在市场竞争中取得优势。

UTEK 的 U2B 过程为：UTEK 首先寻找适当的专利进行整合，形成战略联盟，在此基础上，评估、鉴别那些具有潜在应用价值且适合这些公司发展的专利技术，以合理的价格从大学或实验室买入，再将这些专利以股权入资的形式投入这些公司。UTEK 这种特有的消除专利库存、实现专利实施转移的环节使其在短时间内获得了迅速的发展。

U2B 过程的实施主要是通过一项保密的战略联盟服务。由于拥有丰富的大学和实验室资源、联络紧密的全球性专家网络，以及市场内部的专业咨询委员会，UTEK 知道一项专利应该去哪里寻找，如何寻找，并且有能力对其作出合理的评估。具体服务流程如图 4-3 所示。

（1）细化。通过与客户公司的管理团队接触，UTEK 的专业人员就能起草一份详细说明书来具体描述客户公司的技术需求；根据对技术搜寻过程的了解，UTEK 将这份技术需求说明书重新表述成最容易被潜在技术查询到的格式和语言。

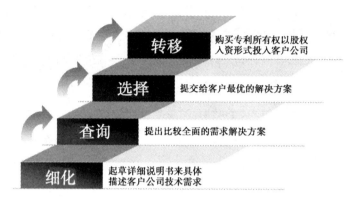

图 4 – 3　UTEK 的专利运营流程

（2）查询。在形成客户公司技术需求说明书后，UTEK 首先对各个大学和实验室已有的专利技术成果进行分析，然后再联系相关领域内的研究机构。同时，通过其全球性的专家网络，UTEK 向相关专家咨询客户技术需求的解决方案。由于拥有以往技术交易的详细记录资料，UTEK 在短时间内就能提出比较全面的需求解决方案。

（3）选择。所有需求解决方案都需要经过匹配性分析，方案必须适合客户的技术需求，同时拥有良好的增长预期。最优的解决方案将会提交给客户，客户可与 UTEK 对方案加以讨论、修改。

（4）转移。在方案获得客户认可后，UTEK 就立刻展开与专利技术提供者的谈判，以尽快购买专利所有权。在获得专利权后，UTEK 将该专利以股权入资的形式投入客户公司。对于投入的每一件专利，UTEK 都会提供资金的融通，帮助客户公司获取专利技术，而不至于会影响客户公司的现金流和市场发展。

（三）　咨询服务型

咨询服务型是指主要为专利技术交易提供技术新颖性、专利情况、市场发展评估等服务的专利中介服务机构。由于具有强大的专业队伍，因此，其一般都能提供比较全面的面向产业化的咨询服务，如英国技术集团（BTG）。

BTG 成立于 1949 年，涉及的主要技术领域为医学、自然科学、生物科学、电子和通信，业务涵盖不同发展阶段的新技术。其具体业务如图 4 - 4 所示。

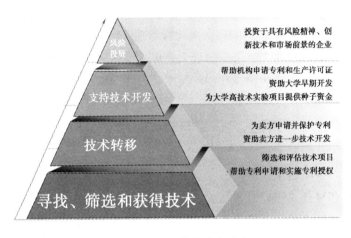

图 4 - 4　BTG 具体业务内容

（1）寻找、筛选和获得技术。BTG 每年在世界范围内从公司、大学和研究机构等预选 400 项技术和专利，然后从中筛选和评估出 100 项具有较大市场价值的技术项目，帮助实现专利申请和实施专利授权。对那些还不够成熟但有很好开发价值的技术项目，还可以投入一定的资金去开发。

（2）技术转移。BTG 作为买房和卖方之间的桥梁，负责为卖方申请并保护专利，资助卖方进一步将技术开发到可以实际应用的程度，再转让给买方，所得收入由双方按一定比例分配。近 10 年来，BTG 每年在技术转移和支持开发、创办新企业等方面的营业额高达 6 亿英镑，其中技术转移上千项次，支持开发项目四五百项，气垫船、抗生素、先锋霉素、干扰素、核磁共振成像、除虫菊酯、安全针等都是 BTG 成功的技术转让项目。

（3）支持各种形式的技术开发。BTG 主要帮助公营机构申请专利和生产许可证；资助大学师生对一些有希望但尚未证实的高技术实验项目进行早期开发，与一些大学共同安排高技术实验项目，并提供"种子资金"；在大学中设立高技术发明创造赛；帮助有技术专长的集体或个人开办新企业，协助其办理开办手续，提供资金方面的帮助等。

（4）风险投资。BTG 的风险投资遍布于整个欧洲和北美洲，集中在英国和北美，是英国最大的风险投资机构。其主要投资于那些员工具有风险精神、创新技术和市场前景的企业。

第二节　专业人才整合

希望创造最大价值的专利运营者应该经常检视所有的专利、流程和科技。它们需要专业人才团队对其拥有的专利技术提出应用于不同产业的建议，然后确认每个建议的可行性，并估计其对每个相关产业的经济利益，继而制订一个可以立即吸引注意力的最佳构想清单。

这就需要建立由四种专业人才组成的团队：科技专家——对高新技术的发展有充分认识，对专利技术有深入的了解；产业专家——评估专利应用于不同产业的可行性及其潜在价值；市场专家——销售专利资产；法律专家——处理专利运营中的法律事务。在国际上有点影响力的专利运营者都已经具备这类专业队伍。反观我国，还未发现有系统使用一套完整人才队伍的专利运营者。笔者经过考察美国的专业专利运营者的经验，拟提出以下专业团队建立方法，说明每个参与者扮演的角色、可能参与的条件，以及管理各层关系的关键。

一、科技专家

具备将某产业的特定科技应用于其他诸多市场的通才，实属凤毛麟角。这些通才一般处于科技协会、大学和研究实验室，从事多领域的基础研究工作。专利运营者要审视所要运营的各个专利技术，这需要博学多才的跨领域科技专家的协助。例如，美国宝侨公司成立了一个由学术界和几家小型科技专利运营者代表组成的科技专家小组，为零卡油（Olestra）分子的应用开辟商机。零卡油刚上市时，定位为制造零食的低脂原料，广受瞩目；但是由于不良的副作用，其业绩难有起色。宝侨公司在穷于负担生产这类分子的百万美元厂房成本之余，开始寻找零卡油的其他应用商机。其内部科技专家提出一系列构想，主要绕着化妆水等消费性产品打转，但是外部专家的点子更为丰富。目前零卡油最为成功的应用在于环境整治：将零卡油倒在遭污染的土壤或烂泥土上，零卡油分子会与污染物结合，使污染物轻易除去，达到土壤复育效果。拜这项应用所赐，宝侨成功"抢救"了其在零卡油研究与基础设施上的大笔投资。

科技专家的任务在于：提出一项科技可能应用的所有领域，并根据科技与商业可行性加以排序，接着估计每个应用的经济效益（如半导体企业可通过气体分离流程省下多少成本）。这些估计在专利运营者与潜在买主谈判交易条件时，尤其扮演关键角色。

专利运营者必须充分获得这些专家的支持，必要时能随时咨询；但是应避免聘请全职专家或者要求他们不可为其他专利运营者提供服务，因为这类人士的主要价值其实在于接触跨产业知识——这种知识唯有就类似科技为各种专利运营者提供服务，方有可能取得。根据国外专利运营公司的经验，这些专家通常是按项目或按日收费（约为2500~5000美元），一般而言项目结果与其收费无关。

二、产业专家

除了聘雇博学多闻的科技专家，专利运营者通常也会聘用具备特定市场应用知识的专家。大部分专利运营者需要在十几个领域备有一份专家名单，以针对科技专家提出的构想加以修正与确认。以一家汽车制造商为例，它发现操纵机制当中的磁性伸缩感应器具备几个意料之外的应用商机，其中最有前景的一个是：一种测试桥梁和道路灌浆强度与稳定性的系统（该感应器在压力变化时会发出电磁讯号，可解读为混凝土的"医师"）。为了测试该科技的潜在价值与功能需求，该公司访问了二十几位专家，包括建设企业工程师、材料学教授、相关市场的企业家，以及美国境内数个州政府的交通部员工。这些受访者表示，该仪器可以节省时间并加强产业规范的配合度，每年可为营建商和交通部门省下几十亿美元，这家汽车厂商应该每年可从这笔意外之财中获取 1700 万美元以上的执照费用。学术界、工程师和其他专业人士，不会定期在公开市场"兜售"自己的服务，这些专家可能也准备花时间评估超越既有技术障碍的新科技的市场需求情形，以追求另一种形式的专利挑战。当一个构想证实可以商业化，紧接着功能规格的研发成为主角之后，这一群人中的大部分也会得到相当报酬，而其报酬可能与涉猎广泛的科技专家平分秋色。

三、市场专家

可出售的资产一经确定，其大概价值也评估完成后，市场专家就变得尤为重要，他们可协助买卖双方敲定授权契约和股权交易。市场专家在专利运营中的作用非常大，他们好比投资银行，可为某件资产订价、进行销售、提供业界人脉，偶尔还可提供现成的（来自其他专利运营者或机构的）专利组合，来加强客户本身的运营。不同类型的专利运营者需要不同类型的市场专家，他们可以以不同的模式协助专利运营者，甚至能以不同的身份服务于不同的客户。除非握有专利权的专利运营者预期在某特定产业中持续进行交易，否则其实没有必要聘用常设的市场专家。

四、法律专家

法律专家是专利运营成功的保障，将处理专利运营中的一切法律事务。这类专家要求精通国内外专利法律法规，熟悉并善于运用专利国际规则，具有专利运营谈判及应对诉讼等方面较高的专业水平及实务技能；还要求具备娴熟的外语能力，以应对跨国案件。此外，这类专家还包括经济、金融、贸易、投资等领域的涉外高级法律人才。

第三节　运营资本整合

经济学上将资本整合定义为通过改制、缩股、上市、增发、重组并增发、重组再发行等资本运作和证券融资手段，实现资本使用效率的大幅提升。将整合概念移植到专利领域，可以理解为，为实现专利价值的深入挖掘和高速增长而进行的对现有专利的技术再创新以及专利权利的组合，从而形成一定范围的专利网络的经济行为。

从上述定义可以看出，专利整合实际上是对所拥有的专利进一步整理和组合。如果将专利投资理解为将专利作为原材料进行的采购，则专利整合可以被理解为对所拥有的原材料本身进行进一步的处理，以及将现有原材料组合形成市场接受度更高的产品的过程。

专利整合运营主要可以分为专利盘点和专利整合两种方式，其中专利盘点主要是对所拥有的运营资本进行充分的认识；专利整合是在运营主体内部或以运营主体为主导完成相互交织在一起的专利布局的规划、设计，最终形成严密的专利布局网络，保持其竞争优势，如图 4 – 5 所示。

据统计，世界上 60% 的专利来自个人、中小企业和大学的

图 4 – 5 专利整合运营模式

研究活动，但是几乎所有专利所创造的价值收益全部流入大企业。产生这一现象的原因在于，同个人、中小企业和大学相比，大企业能够更好地对专利进行网络化的组合，将有限的知识产权同商业利益更紧密地联系起来，形成专利的集团化、组合化的效益。由此可见，专利运营者要实现专利价值，获得巨大收益，也必须通过实现专利的集团化、组合化来推动专利的流通和运用，提升整个专利运营的效率。

据美国有关知识产权咨询报告显示，通常发现一个专利组合中有 5% ~ 50% 的专利不再有用，可以淘汰。对于大部分庞大的、拥有上千个专利的专利营运公司而言，都有很大的删减空间。很多专利运营者惊讶地发现它们的资产组合中还包括那些早已过时的技术。因此，仅通过重新考虑它们的专利组合，很多公司就可以迅速发现其可节省成百上千万美元。● 1994 年，美国 Dow 公司通过专利整合，将专利总量从 29000 项删减到 16000 项，立即产生了巨额的金钱回报：节省了 800 万美元的更新手续费和大约 4000 万美元的税款（根据美国的法律）。●

● ［美］朱莉·L. 戴维斯、苏姗娜·S. 哈里森：《董事会里的爱迪生——智力资产获利管理方法》，江林等译，机械工业出版社 2003 年版。

● ［印］甘古力：《知识产权：释放知识经济的能量》，宋建华、姜丹明、张永华译，知识产权出版社 2004 年版，第 353 ~ 354 页。

专利运营者在进行专利整合时考虑的因素主要有两方面：一是减少成本，二是增加收益。这两个方面有多种不同的实现途径，从成本角度考虑主要是对拥有的专利进行盘点，进行成本控制；从增加收益的角度主要是指按照一定的标准对专利资产进行重新组合，实现其组合化的规模效应，从而增加专利价值。

一、专利盘点

专利盘点（patent audit）或称专利查核，就是通过系统的专利整理、审查、分类等过程，将原本无系统的专利资本经过系统化的整理与加值，发挥其实施与交换的最大价值。专利盘点是专利整合运营的第一步，是专利运营者构建专利运营模式的系统工作项目之一，更是决定专利运营者运营成败至关重要的一环。尽管专利的取得可能来之不易，但是，如果专利不能带来任何利益，或者带来的利益非常小，那么为节省日益增长的专利维持年费，则需要通过专利盘点淘汰不必要的、无收益的专利。专利盘点需要专利运营者定期对其拥有的专利，进行法律层面、商业层面和技术层面的清点审核，❶ 从而了解各个专利或专利组合的内容或用途，并采取行动使专利与运营者的经营战略相一致。这样既可避免专利的闲置，提高专利的效用，也可以淘汰不需要的专利，节省专利维持的成本。专利淘汰的方式，可以通过专利收益运营的环节来处理，即对外转让或许可闲置的专利或对核心业务没有影响的专利，以此获得转让费或许可费来冲抵专利维持的费用（第五章将进一步阐述）。当然，对于确实不能通过运营产生收益的专利，也可以不缴纳专利年费即消极放弃。

（一）　单个专利盘点

专利盘点主要是对拥有的专利进行有效性与专利品质的确

---

❶　袁真富："企业专利经营的成本控制"，载《科技与法律》2009 年第 1 期。

认，如图 4-6 所示。盘点专利的有效性主要是确认其是否还在专利法保护期限内；如果还在其专利保护期限内，则需要进一步查核其专利维持费缴纳情况。只有有效的专利才能进行专利运营。专利品质代表着专利自身的好坏程度，品质盘点需要从专利的法律因素、技术因素、产业因素等层面来考量。

图 4-6　专利盘点的具体内容

法律因素主要包括：（1）权属的完整性。即专利运营者所拥有的专利权权属的完备程度。主要体现在三个方面：一是专利权利要求的完整性，二是专利申请的国别，三是权利的可规避性。专利权的完整性是指专利申请权利要求书所提出的需要保护的专利的范围，也体现了权利要求书的质量问题。有的权利要求完整，能较好地保护专利权人的权利；有的权利要求不完整，仅保护专利权人的一部分权利。专利申请的国别主要看是在本国还是在别国提交专利申请，这主要体现其权利和覆盖范围。权属越完整，则其体现的价值就越大。权利的可规避性，主要是看这项专利所承载的技术是否可以被别的技术所替代，在不侵犯该专利权的情况下达到相似的技术效果。这主要由其权利要求的独立权利特征来确定。（2）法律的保护程度。包括专利所处的状态以及权利要求的完整性。专利所处的状态是指技术在专利申请中所处的状态，是处于初审阶段，还是实质性审查阶段，或是获得专利证书阶段。专利所处阶段越是往后，其价值越大。专利的类型不同，其保护程度也不一样。发明专利由于要通过实质性审查，因此剽窃他人专利或者在获得专利证书后被宣告撤销的可能性较小。相对于其他两类专利而言，其技术含量较高，申请的周期较长，权利人承担的风险也较大，因此价值相对较高。（3）权利的稳定性。主要指一项专利在运营过程中有无被无效的风险，这要根据权利要求的多少，同族专利授权情况，本专利以及同族专利经过复审、无效程序以及涉及诉讼的结果来判定。（4）依赖性。一项专利的实施是否依赖已有授权专利的许可，以及本专利是否作为后续申请专利的基础，主要根据在先专利以及衍生专利申请来确定。如果该专利的实施需要在先专利的许可，则其品质将大打折扣；如果该专利是后申请专利的基础，则其品质将大幅提升。（5）专利侵权的可判断性。主要是指根据该专利的权利要求，是否容易发现和判断侵权行为的发生，是否容易取证。这主要是判断该专利是否适合进行专利诉讼，如果适合则具有较高的品质。（6）剩余使用年限。一般要根据专利技术的经济寿命与从当前起算还剩多少法律保护期来测算剩余使用年限，剩余使用年限越长其品质越高。

技术因素主要包括：（1）专利技术的先进程度。专利的先进程度也即是技术的创新程度，主要根据在现有时间点上与本技术领域其他技术相比是否处于领先地位，从技术所要解决的问题、技术手段、技术效果来判断。（2）配套技术的依存度。主要看该专利技术是独立使用还是必须依赖其他技术才能实施，通过专利说明书的背景技术和技术方案可以明确。（3）专利技术的发展阶段。主要看该技术在整个技术发展过程中的状况，主要包括是否有替代技术出现、技术的成熟度。这需要根据技术所处技术领域的发展趋势以及发展阶段来确定。（4）专利技术的竞争优势。即技术实施过程中存在关键的技术诀窍，技术复杂程度高，而该技术诀窍不易被分析、试验、模拟。技术的超额收益主要体现在其垄断的收益上，技术越具有竞争优势，其垄断程度也越高，技术产品的市场占有率也会相应越高，技术产品难被替代。要特别强调的是，专利运营者还需要考察专利技术研发人员的能力，因为研发人员的专业素质与研发能力决定着专利技术品质的优劣。

产业因素主要包括：（1）产业化程度。即该技术可进行产业化的难易程度，实施的条件是否苛刻。进行产业化越容易，专利技术越容易实施，实施专利的可能性就越大。（2）国家政策的适应性。也即该技术实施所在的产业与国家产业政策的一致性。只有专利与国家产业政策相一致，才会得到国家及地方的支持，该项专利才会迅速形成产业；越是国家鼓励发展的行业，技术实施的价值越能够较快地发挥出来。（3）产业应用范围。主要是指专利技术在现在和未来可能应用领域的大小。应用范围越广，其品质发挥的程度越高。（4）技术产品被市场所接受的程度。主要看其在市场中的应用规模、应用前景和竞争情况。应用规模越大，占有市场越广，竞争对手越少，则说明市场越需要这样的专利技术，那么这项专利的品质就越高。

专利盘点除了对专利的有效性和专利品质进行考量外，还将在此基础上对专利价值进行盘点。专利价值的彰显，需要建构在有效专利的品质上，并且要放入商业空间中讨论。所谓的商业空间即实际的产业运作空间，也是我们常谈论的产业链、价值链、供应链、产品组合、技术组合与核心竞争能力等。例如，对于计算机、信息与通讯产业而言，商业空间随时间变动而剧烈变化，并且生命周期短，此时的专利技术更替较快，专利价值必然受其影响。专利运营者必然要选择有价值的专利进行运营，明确所拥有专利的价值是非常重要的。专利价值的相关影响因素如图4-7所示。

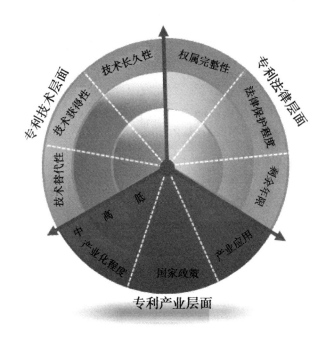

图 4 - 7　专利价值的相关影响因素

　　总而言之，专利运营者要清楚其所拥有的专利价值如何，应该进行综合判断。这个判断过程是一个系统的工程，需要对专利本身的技术、法律、产业价值进行全面、客观的考察。价值高的专利才是专利运营的重点客体。在此基础上，选择合适的运营模式，才能实现专利运营效益最大化的目的。所以，要实现专利运营效益最大化，专利品质、商业空间价值以及专利运营模式三者必不可少；只要其中之一不完善，专利价值就不可能被充分挖掘。

（二）　多个专利盘点

　　专利运营者面临的最大挑战是如何辨识其所拥有的专利并进行整合而让其价值最大化。要做到这一点，在对所拥有专利按照上述方法进行单个盘点的基础上，还应对所拥有专利之间的相互关系有充分的认识。由于技术创新的累积性特点，一项新技术或新产品往往包括多项技术专利。例如，数码相机的相关专利就有6000多种，主要分布于 CCD 或 CMOS 传感器、数据处理芯片、LCD 显示屏、镜头、软件五大系统，且这些专利分别由不同的厂商拥有，一个专利运营者不可能完全拥有这些专利。在生物学领域，同一段基因组序列能够被不同的发明者以不同的方式获得专利，如完整基因、基因片段、基因突变、SNP 以及该基因表达的蛋白质、蛋白质变异、遗传测试技术等。著名的"金大米"（用遗传工程制造，富含维生素 A，有望用以根除亚洲普遍存在的维生素 A 缺乏症）包含多达 70 个专利，分别由不同国家的31 家公司拥有，这些技术专利之间的关系极大地影响了企业之间的竞争或合作状态。所以，专利运营者应该首先认识所拥有专利之间的相互关联，然后再进行进一步的组合。

在同一产业相近技术领域之间，专利与专利的关系错综复杂，主要有障碍、替代、互补等三种关系。

1. 障碍关系

由于技术创新的累积性特征，后来的技术创新往往是在先前创新（通常已经申请了专利）的基础上进行改进，增加新的或更先进的技术内容，并取得专利。法律上，先前的专利称为"基本专利"或"在先专利"，后来的专利称为"从属专利"，这两种专利之间存在牵连关系。专利牵连关系是指不同专利之间相互制约和阻碍，是由专利的专有性和排他性特征决定的。基本专利和从属专利之间的牵连关系表现为：从属专利除非得到基本专利的许可，否则即使获得了专利权也不能进行市场商业开发和运营；反过来，基本专利如果没有得到从属专利的许可，也不能对建立在从属专利基础上的技术专利进行商业开发。大多数情况都是从属专利落入基本专利的保护范围，侵犯基本专利的专利权。虽然存在这种权利冲突，但从属专利依然是合法的，只是其权利的行使要与基本专利结合起来。例如，某种治疗心脏病的新药的主要成分物质为基本专利，如果后来的科学家发明了更有效的制备方法或者发现这种药物的主要成分对肾脏病变也有疗效并申请了专利，那么只要基本专利还在有效期内，制备方法专利和肾脏病治疗专利未经基本专利的许可，也就不能随便进行商业开发，而基本专利权利人也不能擅自对制备方法专利和肾脏病治疗专利进行商业开发。专利牵连关系可以细分为单向牵连关系和双向牵连关系。

（1）专利单向牵连关系。专利单向牵连关系如图4-8所示。专利A外面的实线圈表示专利A的权利行使条件，虚线圈表示专利B的权利行使条件（下同）。可以看到，专利A可以单独行使权利，但是专利B的权利行使条件则涉及A的权利范围，那么，专利A就对专利B构成一种单向牵连关系（用单箭头表示），专利A就是专利B的牵连专利。

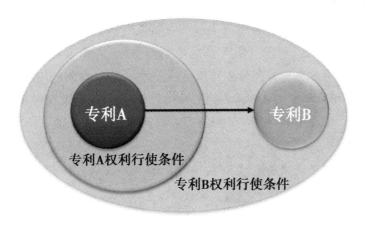

图4-8 专利单向牵连关系示意图

（2）专利双向牵连关系。专利双向牵连关系如图4-9所示。图中的专利A和专利B实际上互为基本专利和从属专利。专利A的权利行使要受到专利B的权利限制，反之，专利B的权利行使要受到专利A的权利限制，专利A和专利B就构成一种双向牵连关系（用双箭头表示），专利 A 和专利 B 互为牵连专利。

图 4 – 9　专利双向牵连关系示意图

2. 替代关系

专利替代关系也称专利竞争关系，指的是具有类似功能，或者在产品的生产、制造中有相似的任务，并且可以单独使用的技术专利之间的关系。另外，当新技术顺应时代发展、市场潮流起到替代现有技术的作用（如移动电话技术和无线传呼机技术），或者新专利技术在原有技术周围开发但不损害原有专利的利益时，新专利和原有专利也构成替代关系（如数码图像传感器的CCD 和 CMOS 两种技术的相关专利）。专利替代关系如图 4 – 10所示，其中专利 A 和专利 B 的权利行使条件互不干涉。

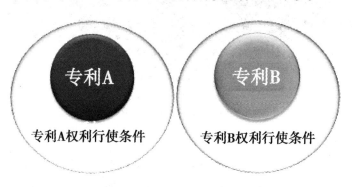

图 4 – 10　专利替代关系示意图

3. 互补关系

现代科学技术的复杂性和精密性使得一项新技术往往会涉及多个学科领域内的多种技术，而社会专业分工的细化又使得这些技术会由不同的组织或个人去研究和开发并获得专利权。以前面提到的数码相机为例，其五大系统的几千个专利就分属于不同的企业，如果谁想生产一款数码相机，则交叉许可是不可避免的。承担各个功能的技术专利之间存在一种"唇亡齿寒"的互补性关系，彼此之间不可以相互替代。专利互补关系如图4–11所示。

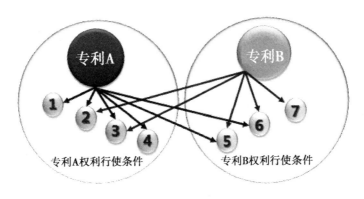

图4–11　专利互补关系示意图

图4–11用带数字的小圆圈表示专利A或B的不同应用领域，箭头表示该领域受到某项专利权的支持。可以看到，在有些领域里，专利A和专利B均可以单独行使，彼此不存在专利制约问题。但是，在2号、3号、5号和6号应用领域，产品的实现需要同时受到专利A和专利B的支持。因此，在这些应用领域中，专利A和专利B构成互补关系，两者互为互补专利。

上述三种关系在专利运营过程中又相互关联。障碍性专利往往产生于在先的基本专利和以之为基础后续开发的从属专利之间，从属专利缺少了基本专利就不可能实施。反之，基本专利没有从属专利的辅助往往难以进行商业化开发。因此，障碍性专利之间的交叉许可就显得十分必要。互补性专利一般是由不同的研究者独立研发形成的，二者之间互相依赖，各自形成某项产品或技术方法不可分离的一部分。同障碍性专利一样，互补性专利也需要相互授权才能发挥作用。替代性专利是非此即彼而不是互为依存的关系，这种关系存在可能导致专利运营走向成功与失败的两个极端。

专利运营在很大程度上受到专利关系的影响。以上分析表明，三种专利关系将决定专利组合的方式，最终也将影响专利收益模式、运营时机的选择，同时对运营对象的确定也有一定的参考作用。

二、专利整合

专利整合❶是一种挖掘出专利全部价值的方法，通过整合将它们有机地聚集，从而使其总体价值大于各个部分价值的总和。例如，高智发明公司在无线电技术、内存芯片以及其他领域整合出大规模的专利组合。每一种组合通常都包含一些已经在应用的专利、一些在将来很可能被应用的专利，以及一些更具投机性的专利。每一种专利都具有一些价值，但是打包后的专利组合的价值更大，因为客户可以节省用来查出所有专利持有人和为单个专利交易进行逐一谈判的时间和开支。客户可以很容易地获得加速推出新产品所需的所有专利，同时降低了错失必要许可和遭到措手不及的侵权诉讼的风险。高智发明公司的多数大客户理解这种方式，而且想要一次性获得 1000 项或者更多的专利许可。并且很多客户预定了一种专利组合，以便当专利被加入该组合时可以自动获得许可。高智发明公司凭借专利组合的许可已获利超过数

---

❶ 夏轶群：《企业技术专利商业化经营策略研究》，上海交通大学 2009 年博士学位论文。

十亿美元。与此类似，Sisvel 公司的专利组合也是围绕整个产品展开的，其在开展专利诉讼、许可等后续活动时，根据产品所处的时期制定相应的整合策略。图 4 - 12 与图 4 - 13 分别反映了 Sisvel 公司专利许可和专利诉讼的收入、成本随产品周期的变化。可以看出，在产品发展初期，专利诉讼的成本较高，此时在专利组合中可以选择更多能够被许可的专利；随着产品的不断发展，专利许可的成本逐渐增加，专利组合中的许可专利比重也随之回落。只有进入成熟期的产品才能实现收入大于成本的运营，此时可以根据现有专利组合尽可能地降低诉讼专利的比重，防范过多的专利风险。

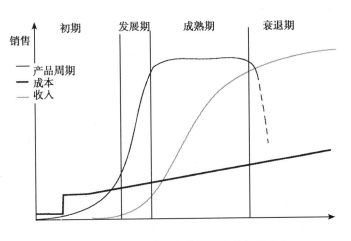

图 4 - 12　Sisvel 公司专利许可的收入与成本

除了高智发明公司与 Sisvel 公司以外，还有许多专利运营者都比较专注于专利整合。例如，飞利浦公司的专利组合即是围绕其产品类型和技术类型展开的，通过构建专利池，进而形成专利联盟，达到专利组合的目的。

（一）　专利池组合

专利运营者通过对自身所拥有专利的盘点，有针对性地进行专利池（patent pool）的构建。专利池是两个或两个以上的专利

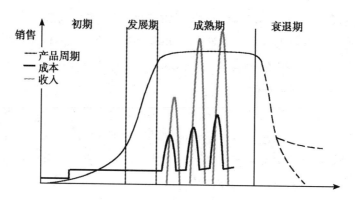

图 4 – 13　Sisvel 公司专利诉讼的收入与成本

所有者达成协议，将多个专利权放在一起进行运营的专利集合体。这种专利集合体最重要的作用在于它能提升专利运营者所拥有专利的市场竞争力，增加专利价值，降低运营成本，从而获得最大收益。

1. 组合作用

专利运营者一般希望将替代性专利放在同一个专利池中，便于形成一定的垄断局面。而对于障碍性专利和互补性专利，如果将其放入同一专利池中，将会消除专利间互相许可的障碍，从而促进专利运营的成功。

凭借运营者拥有的障碍性专利构建专利池，很容易形成产业技术垄断的局面，专利运营者凭借垄断地位在运营过程中占主导地位，可以漫天要价。专利池内的专利如果与非运营者拥有的专利具有替代关系，则会增加对外许可授权运营的机会，使"池"内专利可以获得更多的许可费用。此外，现在技术分工越来越细，产业链进一步延伸，产业内厂商众多，上下游企业之间的技术关联度也越来越高，一项产品所涉及的专利越来越密集，通过互补性的专利组合构成专利池，则比较容易形成"专利丛林"（patent thicket），从而控制整个产品的专利。

专利池同时可降低专利运营中的交易成本。传统的专利许可都是专利运营者分别向专利使用人就单个专利进行许可，费时费力，收益甚微。而专利池汇集了某一行业的核心专利技术，运营者一般会对厂商实行一站式、一揽子的打包许可，并采用统一的标准许可协议和收费标准，从而不必单独与不同的厂商进行冗长的专利许可谈判，极大地节约了运营者的交易成本。

综上所述，专利池的构建对专利运营者而言至关重要，通过对运营者拥有的专利技术进行互补性融合，一是可以降低运营成本，二是可以提升运营资本的市场竞争力，三是减少专利运营的障碍。

2. 组合基础

专利运营者凭借其所拥有的障碍性专利组建专利池形成垄断，实际上往往是由一个公司或者是缔结的产业联盟主导制定标准，然后征集该标准内的必要专利构建专利池，标准制定者通过专利池控制标准甚至垄断产业，谋取垄断利润。正是有垄断利益的吸引，才使得不同运营者甚至是处于竞争状态的企业结成专利联盟，设法将其专利技术纳入标准，进而参与高额垄断利润的分配。可以说，技术标准催生了专利池。一项技术标准一旦确立，标准中所含大量专利的许可问题就会变得复杂，成为技术推广的障碍，运营者正是凭借专利池这一最佳方式来排除这一障碍。另外，运营者在保护"池"内专利权的同时，还可以遏制被许可方自主研发的势头，维持"池"内运营者的技术优势。

从传统意义上说，标准与专利技术本来是互不相干的，两者在本质属性上是有差异的。标准追求公开性和普遍适用性，强调社会集体利益，力求使标准能够以最小的成本推广使用。而专利在法律上是一种具有较强排他性和绝对性的私有财产，专利持有人追求的是利用专利权使自身的利益最大化，不允许未经授权的推广使用。标准与专利的这种利益互斥性，使早期的标准化组织在制定技术标准时都尽可能避免将专利技术引入标准中。但自20 世纪 90 年代以来，专利数量的迅速增长以及专利技术产业化进程的不断加快，使得专利与标准的关系发生了根本改变，从分离走向结合，出现了技术标准专利化趋势，专利逐渐成为标准中一个不可或缺的部分。正因为如此，专利运营者为追求专利价值最大化往往将标准作为专利池构建的基础。

3. 组合流程

构建一个基本形式的专利池一般包括四项必要程序：首先，确定构建专利池的技术领域，并制订专利池构建方案；其次，汇集、征集、审定专利并组建相应专利池；再次，对专利池进行管理；最后，是专利池对外实施运营。在实践中，专利池的组建程序远比基本理论架构复杂。

首先，制订方案。一定规模的产业和数量众多的专利技术是构建专利池的条件，而同一领域的专利集中区是组建专利池最理想的条件。专利运营者根据对自有专利的盘点，确定构建专利池的基础以及相应领域，制订专利池的构建类型。拥有领先专利技术的运营者可以设立普通型专利池，即区域型中小专利池和某产业领域大型专利池；也可以设立技术标准型专利池，专利池构建完成后。以核心专利为基础形成技术标准，推出候选技术标准，然后由政府、标准化组织采纳为法定标准或由行业内部接纳为行业标准，使"技术专利化、专利标准化"成为现实，得标准者得天下。

其次，汇集专利。专利运营者可以根据自身专利构建一个独立的专利池，这是运营者追求的理想目标。但是，技术的更替导致一个技术领域的专利不可能完全集中在一个运营者手中，为了达到专利池的最大效果，运营者需要邀请新的专利资本投资者参与。在专利池的组建阶段，运营者一般会发出邀约通知，要求运营者自有专利以外的专利权人参与，运营者一般会聘请独立专家来审查该专利是否具有"必要性"以纳入专利池范畴，确认是否属于专利池需要的核心专利，以满足"核心最小原则"。

再次，进行管理。专利运营者对专利池的管理主要是进行技术跟踪和评估，超出有效期限的专利即被清除出专利池，新授权的专利会被邀请加入。专利池的成员可以使用"池"中的全部专利从事研究和商业活动，且彼此间不需要支付许可费；"池"外的企业则可以通过支付使用费来使用"池"中的全部专利，而不需要就每个专利寻求单独的许可。不管是理解为协议还是组织，专利池本质上都是一种系统化的运营交易机制，是一种集中管理专利的模式，是将交叉许可的多个专利放入一揽子许可中所形成的专利集合体。

最后，对外运营。为了增强集体竞争力，并降低交易费用，专利池的对外运营主要采用一揽子许可形式，对所有必要专利施行捆绑销售，被许可人不能仅选择其中一部分。专利池的运营规则一般由专利池成员协商制定；但同时受到多种因素的影响和制约，除了需要满足反垄断法规的要求外，还受制于标准化组织的有关政策。专利池的运营规则主要包括专利运营的基本原则、权利金标准以及运营许可方式等。

专利池的构建流程如图 4 – 14 所示。

以 MPEG – 2 标准专利池运作模式为例，1997 年，专利运营公司 MPEG LA 成立数字视频压缩标准的 MPEG – 2 专利池，MPEG – 2 视频压缩技术的国际标准是由国际标准组织 ISO 移动图象专家组 MPEG 以及国际电子技术委员会 IEC 在 1995 年确立的。哥伦比亚大学、富士通、朗讯、索尼等 9 个成员将其所持有的与 MPEG – 2 标准推行有关的共 27 项专利向 MPEG LA 公司提供许可以构建专利池，该专利池控制了全球 MPEG – 2 标准的数字视频压缩产业。MPEG LA 公司管理专利池中的专利并代表专利池核心专利持有人向生产符合 MPEG – 2 标准的厂商提供许

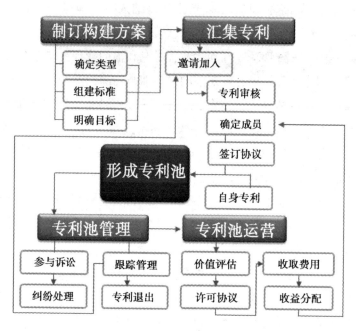

图 4－14　专利池组合的流程

可，还负责组织专家检索专利进行评估。后来由于法国电信、日立等公司的加入，专利池中的专利增加到 230 项。MPEG－2 专利池的具体运作模式如图 4－15 所示。

（二）　专利联盟整合

专利联盟整合是在专利池整合基础上的进一步延伸。专利池整合主要是针对运营的客体而言，而专利联盟整合则是专利运营主体之间的联合。不同的专利所有者或合法的拥有者基于战略联盟、战略合作的需要，❶ 将专利权通过互换、交叉许可、捆绑等多种方式实行共享。虽然各主体之间没有以货币为主要目的进行交易，但"以专利易专利"也是一种特殊的运营形式，在现实

---

❶　黄速建、黄群慧：《现代企业管理——变革的观点》，经济管理出版社 2002 年版，第 136 页。

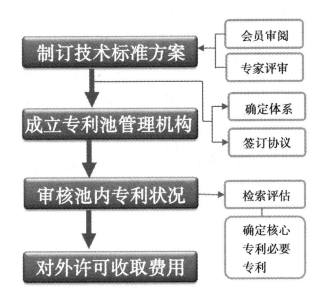

图 4-15　MPEG-2 专利池的具体运作模式

中相当程度地存在。这类似于实体资产交易中的"以物换物"，最终还是基于对市场利益的考量。

专利联盟整合最终是要构建专利联盟，专利联盟主要有以下两方面的目的：一是消除障碍性专利之间的对立关系，二是服务于横向竞争者（竞争性专利所有者）之间瓜分市场、公开的固定价格和其他的反竞争目标，如图 4-16 所示。2008 年，专利收购组织 AST 联盟（Allied Security Trust）成立，其目的是在联盟内购买更多专利，再授权给联盟成员，以抵制专利投机者给企业带来的风险。这一联盟与 RPX 的运营方式基本相同。目前该联盟共有 18 家会员企业，包括 Avaya、思科、爱立信、谷歌、惠普、IBM、英特尔、摩托罗拉、飞利浦、Research In Motion、Verizon。该联盟希望购买的专利涉及的领域包括计算机、软件、电信、网络等。该组织由前 IBM 的知识产权部门副总裁 Brian Hinman 担任首席执行长，加入 AST 的代价是 25 万美元入会费，外加 500 万美元用于收购对该组织有威胁的专利。目前，绝大多

数专利联盟的建立都和行业标准紧密相关。❶

图 4 – 16　专利联盟目的与效益

1. 考虑因素

专利运营者在进行专利联盟整合时考虑的因素比较复杂，主要包括专利资源、技术、法律等客观要因，以及政府、企业、行业的主体行为要因；而诸多要因之间的联系与冲突，也是专利联盟的形成机理。

（1）资源要因。专利是一种智慧资源，它具有价值性、稀缺性、难以模仿或替代、难以交易等特性。❷ 资源的功能体现为"隔离机制"❸，为了突破隔离机制的约束，运营者趋于寻找那些稀缺、有价值和难以模仿的资源的拥有者作为联盟对象，尤其是那些具有独占性资源的联盟伙伴。两个或两个以上的联盟伙伴为实现资源共享、优势互补等战略目标而进行以承诺和信任为特征

❶ Robert P. Merges，"Institutions for Intellectual Property Transactions：The Case for Patent Pools"（August 1999），http：//www. law. berkeley. edu/institutes/bclt/pubs/merges，p. 33.

❷ J. Barney，"Integrating Organizational Behavior and Strategy Formulation Research：a Re-source-based Analysis"，Advances in Strategic Management，1992.

❸ 王迎军："企业资源与竞争优势"，载《南开管理评论》1998 年第 1 期。B. Wernerfelt 将隔离机制定义为"资源位障碍"（resource positon barriers）：率先拥有某项资源的企业可以为竞争对手设置一道障碍，使得竞争对手的模仿行为遭遇更多困难和付出更大代价。

的合作活动。所以，专利联盟在经济层面上是作为一种战略联盟而存在的，其基本原理符合以上"资源基础理论"关于战略联盟的概念、资源特征及作用机制的相关理论。但这一要因仍不能深刻、具体地揭示专利联盟形成的机理，仍需要从技术创新、法律权利等方面进一步探究。

（2）技术要因。一个重大的技术项目只有整合诸多累积性技术方可实现，诸多技术对整体技术项目皆不可或缺，而技术之间则高度依赖、相互掣肘，互为障碍性技术。从产业的角度来说，综合性技术创新会产生一个"创新产业链"，不同创新主体及相关技术位于产业链的上、中、下游，技术之间的关系塑造并深刻影响着产业群体的内部关系。专利运营者要将重要创新技术权利化、垄断化，使之成为技术整合的"铜墙铁壁"，或称"专利丛林"。这就需要通过联盟来突破技术资源之间原本存在的"隔离机制"。

专利运营者在进行专利联盟整合时应该只涉及具有牵连和互补关系的专利，而不应该涉及具有竞争关系的专利。❶ 一般来说，专利竞争关系和专利互补关系是两种性质不同的专利关系，而专利牵连关系的情况稍显复杂，如图 4-17 所示。

如果具有牵连关系的专利之间从属秩序明显，从属专利完全依赖于基本专利，则两者不存在商业上的竞争问题。例如，在累积性技术创新特点尤其鲜明的生物医药界，专利牵连关系表现为：从属专利为基本专利的商业化方法、使用领域等专利。如某位生物学家发现或发明了一种新物质，后来各企业或高校的研发人员就开始反复研究和试验这种物质究竟可以作什么用途，然后探索出各种新药和/或制药方法并申请专利。这种专利关系的先后秩序很明显，不发生冲突。但是，在现实的商业竞争中，更多

---

❶ 详见美国司法部网站，http://www.usdoj.gov/atr/public/busreview/letters.htm.

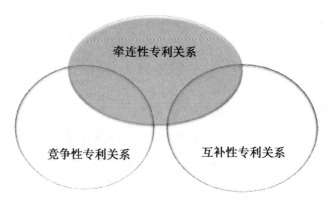

图 4 - 17　专利的三种关系

的牵连性专利关系会介于竞争关系与互补关系之间：一是当从属专利包含了在某个领域内更适应市场趋势的先进技术，造成基本专利的市场份额缩水甚至被淘汰时（虽然基本专利还在法律保护期限内），两者间存在竞争关系；二是当从属专利包含了基本专利在某个领域实现商业化的一项或几项必要技术时，两者间在该领域存在互补关系。

（3）法律要因。专利作为被法律赋予了专有权的技术解决方案，被称为"以产权为基础的资源"❶。但是传统的专利制度没有考虑到多专利持有的问题，专利运营者在进行专利联盟整合时要考虑其稀缺性、不可模仿性、垄断性等特性带来的影响。这些影响包括：一是可能因权利的"棘轮效应（Ratchet Effect）"

---

❶　按照资源基础理论的观点，与之对应的是"以知识为基础的资源"。

导致"反公有悲剧（Tragedy of the Anticommons）"❶；二是因"隔离机制"而在相关市场上形成垄断或支配地位，持续的经济收益会带来法律规制；三是由于垄断性的存在，被诉行为极易发生，诉讼成本相应增加。

专利联盟作为一种联合行为，容易产生不正当竞争及垄断的后果。对专利关系的认识是专利运营者在专利整合时必须做的功课，了解专利的相互关系之后就可以判断联盟是否构成垄断：具有双向牵连关系的专利不构成垄断，因为它们互相需要；具有单项牵连关系的专利则可能构成垄断；而具有替代关系的专利，对竞争的影响视实际情况而定，如果联盟成员有限制性协议，则构成垄断，如果成员可以自由许可则不够成垄断（反而会增加专利的价值）。反垄断法一般会对专利联盟的形成动机、行为方式实施重要的法律约束。❷ 专利运营者在进行联盟整合时要考虑其行为的合法性，否则当其滥用权利的行为限制市场竞争时，可能会受到竞争法特别是反垄断法的规制。

（4）其他要因。由上文从资源、技术、法律层面对专利联盟形成要因进行的分析可见，专利运营者进行联盟整合的目的在于共享稀缺资源，清除障碍专利，减少交易成本，降低侵权诉讼风险，可谓是效率原则的体现。这些是内在因素。但是，专利运营者在进行专利整合时还受到许多外在因素的影响，这些因素主

---

❶ "反公有"理论是由 Michelman 于 1982 年首先提出。他认为，既然存在一个任何人都有使用权却不能拒绝其他人使用的"公共品"，那么，从逻辑上讲也一定会存在一个任何人都可以拒绝其他人使用而自己不能单独使用的"反公共品"。如果一个资源的整体产权被分割为过多、过细的零碎产权，则很容易形成"棘轮效应（Ratchet Effect）"：过高的交易成本将会使得人们容易拆分产权，而不容易去整合产权。其结果往往是带来了巨大的交易成本，并可能因资源使用不足而形成资源浪费。参见李玉剑："专利联盟：战略联盟的新领域"，载于《中国工业经济》，2004 年第 2 期。

❷ 我国《反垄断法》于 2008 年实施，但相关配套制度尤其是对知识产权滥用行为的反垄断规制的制度仍未成形。

要包括：一是政府的可能干预。例如，政府基于产业协调发展的需要，强制产业优势技术进行联盟，可能会给专利运营者带来负面影响。二是联盟后受到反垄断法以及知识产权许可的行政审查制度的规制。所以，专利联盟整合后能否在合法的轨道上运行也是运营者要考虑的至关重要的因素。三是产业的发展状况。这决定于联盟整合的广度与竞争力。为合力应对共同的外部竞争者，专利资源优势不足的运营者有必要依托产业整体，组成广义的专利联盟，积极进行内部技术协作和专利互补，整合技术资源优势，积累对外集体授权和谈判的实力，推出标准，抵制产业面临的竞争压力。

2. 形成机理

专利联盟整合的诸多要因之间存在联系与冲突，是专利联盟的形成机理，如图 4 - 18 所示。

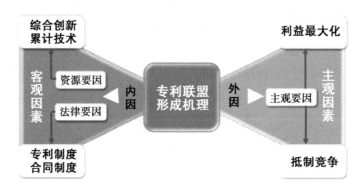

图 4 - 18　专利联盟形成机理

这里对专利联盟形成机理的分析，主要从现代资源基础理论，综合性技术创新理论，专利、合同法律制度的权利机制，以及专利运营者、行业主体的行为动机层面进行。基本结论是：第一，专利联盟的诸多形成要因中，资源、技术、法律、运营者及行业行为等客观因素皆为积极因素，要求积极组建专利联盟，利用经济、技术、法律等资源因素将专利运营者的资本在市场中高效运营，实现利益最大化；第二，专利联盟作为一种高层次的专利运营资本整合行为，并不能凭空架设，乃建立在一定的技术创新能力、专利管理水平以及专利运营技能之上。专利运营者应当依赖本身的专利资本、结合市场环境、追踪技术发展导向、关注产业政策变化，充分、有效地将专利资本纳入专利联盟体系中，增加市场运营的筹码，抵制竞争，使专利运营收益最大化。

3. 构建流程

对于专利营运者而言，进行一个成功的专利联盟整合往往须满足如下条件：第一，专利联盟中的专利必须是有效专利；第二，专利联盟中的专利技术是非竞争性的；第三，专利联盟的专利政策安排不能给下游制造企业带来竞争劣势；第四，有独立专家或者评估师判定哪些专利对于实施上述技术标准必不可少，从而确定必要专利持有人的集合；第五，专利联盟中的运营者须形成价格联盟；第六，外部专利持用人需要任命专利运营者来执行管理任务，如签发许可、收集专利许可费、对必要专利持有人分派专利许可费；第七，必要专利持有人保有向专利联盟之外的当事人签发许可的权利；第八，专利联盟中的许可人对专利联盟内部成员签发的许可是非排他许可；第九，全部回授规定限定于被许可人获得的必要专利，并且包含非独占许可条款以及其他公正、合理的条款；第十，相关专利共同定义一种技术标准。根据上述条件，可知专利联盟构建流程如图 4-19 所示。

（1）专利召集前的准备。专利运营者根据需要确定构建联盟的技术领域，并征得专利资本投资者的同意，制订构建专利联盟的方案。专利联盟的构建方案一般包括以下内容。

①专利联盟发起的背景与组织的性质及目标。

②专利联盟构建原则、专利许可及收费原则、危机处置原则。专利联盟的构建一般遵循："必要专利入盟原则、诚实信用

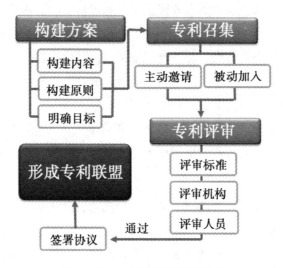

图4－19 专利联盟的构建流程

原则、参与自愿原则、非排他性原则、非歧视管理原则";专利联盟专利许可一般遵循:"公平非歧视性原则、专利许可模式简易原则、有竞争力的许可原则";危机处理原则应遵循:"平等协商原则、尊重第三方评审原则"。

③构建的必要专利内容。包括专利联盟技术标准的内容以及所含必要专利的范围。

（2）专利召集。此环节一般包括两种方式:一是主动邀请,二是被动接受。主动邀请主要是针对运营者的专利拥有情况,有针对性地选择需要加入专利联盟的外部专利权人;被动接受主要是针对后期专利投资者而言,其需要将已有专利交给专利运营者进行运营,而运营者会根据现有专利池情况进行评审,确定是否纳入专利联盟的范畴。在此需要说明的是,专利运营者单独运营的专利与利用联盟整合后运营的专利,对于专利投资者而言,其收益是不一样的,专利联盟的运营收益远远大于单个的专利运营,并且专利投资者还会共享联盟中的专利而不缴纳额外的权利金。

主动邀请的程序一般包括以下几个方面。

①专利运营者在征求投资者意见的基础上明确需要召集的相关专利。

②制定邀约函。

③向国家相关产业主管部门提请审批并备案。例如，构建信息产业领域的专利联盟，就需要向国家信息产业部提请审批并备案。

④向邀约对象发出邀约函。

（3）专利评审。对于被动申请加入的，专利运营者则需要进行综合考量，一般会组织相关人员按以下程序进行评审。

①成立评审机构。评审主要是排除那些非必要专利进入专利联盟。专利运营者会在内部成立一个专门的专利联盟评审机构负责对必要专利进行评估。

②评审人员选择。评审人员是否具备评估必要专利的知识和技能，在评估工作中能否始终保持公平公正，对于评估结果的公正性和合理性十分重要。因此，在评审人员的选择上，应坚持以下标准：一是评审人员应长期从事该技术领域的研发工作，成就显著，是该技术领域公认的技术专家，在相关专业领域具有权威性；二是评审人员不得与所申请专利联盟有直接或间接的利益关系；三是评审人员必须遵守专利营运者制定的各项基本准则。

③制定评审标准。专利联盟所汇集专利的质和量是专利运营者对外许可谈判的重要筹码；同时，专利联盟中是否存在非必要专利，往往又是反垄断审查机关审查的重点。因此，专利运营者要对申请加入的专利进行严格审查，防止非必要专利的进入。专利运营者判定一项专利能否进入专利联盟的最终标准是：该项专利是否为某一技术领域内相互补充的必要专利，即某一标准推行过程中不可避免会涉及的专利。判定一项专利为必要专利必须符合以下要素：一是该专利与本专利联盟有密切的联系；二是专利

联盟中无两种或两种以上具有相同或类似作用的专利存在；三是加入的专利对本专利联盟具有积极作用，具有不可替代性。

（4）签订协议，纳入专利联盟。为保障专利联盟的有效运营，成员之间应达成协议。协议一般应包括以下几方面的内容：一是专利联盟构建的目的，二是专利联盟构建与运营应遵循的原则，三是专利联盟的管理方式、机构的设置及职能，四是专利联盟管理费用的收取，五是专利联盟专利许可原则、收费标准及计价，六是专利联盟成员的分配方式，七是专利联盟纠纷的解决方式。

第五章　专利运营环节Ⅲ
——专利收益

第一节　概述

一、含义

从属性来说，专利权既是一种财产权，同时也具有人格权的性质。尽管专利权不同于传统民法上的一般财产权，但专利权本质上仍然属于一种特殊的财产权。财产的支配主体和利用主体可以不是一个人，此乃财产所有权的重要属性。罗马法虽然视所有权为"对所有物的完全支配权"，"但后来，人们接受了一种对所有权的划分，因而，一个人可以根据罗马法是物的所有主，而另一个人则可以享用物"。随着商品经济的发展，财产权被分离为占有权、使用权、收益权和处分权等各项权能。在市场经济日益走向成熟的今天，所有权的支配权与使用权、收益权等权能的分离更为司空见惯。与所有权类似，在知识产权领域，知识产权的实现，依赖于权利的静态支配和动态利用两个方面。前者乃是知识产权主体基于自己的特殊身份对特定知识依法享有的权利；后者则是使用者基于法律的规定或者当事人的约定，具体实现特定知识的财产利益和社会价值的过程。"知识产权制度从建立之时起就根植于知识商品化的基础之上，其财产利益与社会价值的实现，并非表现为权利人对知识产品的支配，而是一个'个人

创造—他人传播—社会利用'的过程。""知识产权所有人往往
要借助他人的传播或使用来实现自己的利益，才能使得知识产权
不仅具有法律意义，而且具有实际的价值。"具体到专利领域，
专利运营的收益环节正是体现了对专利权这一财产权的种种市场
化利用，从而最大限度地实现专利权的财产利益和社会经济价
值。专利权对于专利运营者而言是一项重要的财产权，但是仅将
它作为财产权来保存却毫无意义，只有积极地进行出售和许可交
易，获取出让金和提取技术许可费，才能发挥其价值。所谓专利
收益运营，是指通过市场法则对专利权进行动态利用，实现专利
权所包含的财产利益和社会价值的模式和途径。

二、主要模式

一般地说，专利收益运营是专利运营者通过市场化路径，将
专利的所有权、使用权、经营权等，经由一定的机制设计或习惯
而成的方式，进行有偿转让、实施许可、作价入股、合作开发，
充分发挥其效用的行为。理论与实践表明，但凡现代实体资产、
无形资产产权交易的形式，都可以直接适用于或经过改造后运用
于专利收益的运营。

本章根据专利营运者的实践将专利收益运营归纳为四种模
式：专利许可模式、专利转让模式、专利融资模式以及专利诉讼
模式，如图 5-1 所示。

专利转让和许可这种运营模式作为技术贸易的主要形式，随
着市场经济体制和国际贸易的发展而成为越来越多专利运营公司
实现主要收益的途径。长期以来，专利许可、转让是专利权所有
者为体现专利权价值、获取市场收益的重要途径，专利权所有者
自己实施专利技术，从出售的产品的利润中回收成本和收益。但
是，这些专利实施企业一般注重于专利产品的研发、生产、销
售，而缺乏专利运营的人才、经验，往往不能实现专利权的最大

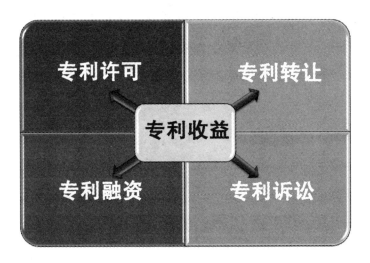

图 5 – 1 专利收益模式

收益。此外，许多专利权所有者多为高校和科研院所，往往不具备技术实施条件；或者在资源配置上尚不理想，成本过高。在这种情况下，专业的专利运营公司应运而生，它们直接或是间接地获得专利权而仅注重于专利权的转让和许可使用，来弥补生产专利产品的企业或科研院所不能或不宜实施该智力成果的不足，取得尽可能多的收益。对于生产专利产品的企业而言，专利运营一方面减少了开支，另一方面也获得相关利润，所以它们一般会加强专利运营业务的拓展，另外也会委托专业的专利运营公司来经营其拥有的专利权。例如，1994 年，柯达公司以 1 亿美元的价格将冲印机专利组合转让给德国海德堡印刷公司，为此柯达节省了大量的专利维持费，同时也得到了 1 亿美元的净利润。

随着知识产权资本与金融资本的不断融合，专利融资运营的模式逐渐兴起，如专利质押融资、专利证券化、专利信托、专利保险等，如图 5 – 2 所示。

为了获得相关专利许可使用费以及侵权损害赔偿费，专利诉讼成为实现专利权财产利益和经济价值的重要手段。对于一些专

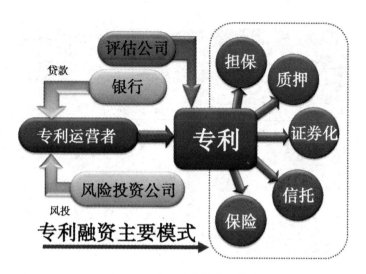

图 5-2 专利融资的主要模式

门的专利运营公司而言，其持有专利的唯一目的是将专利许可给那些从事实业经营的制造业和服务业目标公司。如果目标公司不接受它们的许可条件，专利运营公司将通过诉讼，迫使这些目标公司接受条件；或者以诉讼为威胁手段，迫使这些目标公司接受更高的许可费用条件。

三、运营收益的计算

专利运营的收益大致有两大主要来源：一是专利权（权利）的出售或转让；二是专利权的许可授权。两者均涉及价值的计算问题；尤其是专利权许可授权，牵涉到实施权利金或授权费的估价，相当复杂。

（一）权利金计算的基本原则

权利金是否适当将影响专利运营的收益。不同类型的专利运营者有不同的测算模式，即使是同类型的专利运营者对于不同领域的专利权利金的测算也是不一样的。专利运营者在计算专利权利金的时候一般会考虑以下基本原则：

（1）权利金必须高到足以与研究开发的投入相当，并足以补偿因授权而丧失的市场或利益。或者权利金要高于专利购买、维持以及管理的成本。

（2）权利金必须切合实际，足以推销给被授权人。

（3）权利金必须合理，而不致使被授权人仍然致力于寻求授权外的其他发明。授权人应希望被授权人的努力用在已授权技术的改良上。

除上述原则外，在计算权利金时，应同时考虑一些细节性因素，如专利实力、专利技术寿命、专利技术的竞争成本及实际收益、交易税金、通货膨胀、风险与奖励、被授权人的信用、管理的难易等。总之，专利运营者要力求实际并了解对方的处境。

（二） 权利金的收取模式

专利运营者收取权利金的方法大致可分为三类：固定收取，不固定收取，固定与不固定混合收取。

（1）固定收取最为简便，即一次或在一定期间内多次将固定的总额付清。这种模式的权利义务极为确定，而且容易管理。此种收益模式常用于专利的转让运营中。固定的总额不受价格、收益、市场等影响。但是固定付款对于专利运营者而言也有其困难之处：①弹性不大，无法反映市场的成绩；②总额的估计比较困难。近几年频繁发生的专利并购案中，专利运营者常常用这种收费模式一次性地卖断其所拥有的专利。

（2）不固定收取，指收取权利金依据的因素在订立合同时尚无法确定。这类权利金的支付通常采取：①计件制，即根据合同所生产成品的数量×每一件产品（个、吨、千瓦等）的权利金。②比率制，如规定为合同产品的纯销售价（纯销售价 = 销售价 – 特定的扣除费项目）的百分之几。其中以计件制的计算模式最为简易，但无法反映各市场的不同环境。依比率制计算的权利金，能比较合理地反映与调整授权的实际价值，但在使用这种模式时应该明确说明收入及利益的定义。至于采用哪一种方式，必须根据产品的情况分别加以确定。

（3）权利金的混合收取模式，指上述两类的混合。例如，在 2005 年左右，Sisvel 公司在中国向 MP3 产品的生产企业收取权利金，就是按照此种模式，即要得到它的专利许可，首先需要缴纳 15 万美元的固定保证金，然后再根据产品的生产销售情况，缴纳一定比率的专利使用费。

（三）　专利权利金的计算方法

尽管专利技术的价值在专利运营中难以估算，但为了追求利益最大化，专利运营者会尽力鼓吹其拥有的专利非常有价值，甚至是演算出一堆数量模型、公式公理、表矩阵、坐标曲线等，让专利需要者认为投入多少钱购买都值得。目前，在市场中发展出一系列关于专利技术价值的计算规则，以对专利技术的市场价值进行评估。这些评估专利价值的方法主要包括成本法、市场法、收益法三类。其中，成本法主要从专利技术持有人的角度来评估重置类似的专利技术所需要花费的成本；在专利运营中，用来帮助专利运营者自行评价专利技术的价值。市场法通过与专利技术过去的交易价格或者类似技术的交易价格进行对比和修正，来评估专利技术的现时交易价值，是一种相对客观的评价方法。收益法是从专利技术的购买者角度，通过计算实施专利技术的预期收益的方法来评估专利技术的现值。三种评估方法从不同角度来计算专利技术的交易价格，均存在不可克服的障碍。在专利运营实践中，权利金通常是双方谈判的结果，上述方法事实上很少被用到，所以对这些方法不做太多介绍。

实际上，在长期的专利运营实践中，在广泛的行业领域已经形成可供运营各方参考的国际商业惯例如以产品销售额的一定比例计算许可费用的许可费确定环节❶，以及按年度或季度分期支付许可费的支付环节。上述计算许可费的比例在不同的技术领域稍有不同。例如，美国学者认为一般应为 5% ~ 8%；在某些特殊领域可能更高一些，这些特殊领域包括新兴电子产品、医药领域等。❷ 而根据联合国工业发展组织对各国技术贸易合同的提成率所做的统计调查，专利许可费率一般为产品销售价格的 0.5% ~ 10%，而且绝大多数是按 2% ~ 7% 的比例收取提成费，而且行业特征十分明显。❸ 联合国工业发展组织认为，上述提成比例的范围已经在国际技术贸易中被众多国家认可和采纳，提成率的大小已趋于一个规范的数值。以销售收入为基础，分行业的提成率统计数据如图 5 - 3 所示。❹

行 业	提成率	行 业	提成率
石油化工行业	0.5% ~ 3%	电器行业	3% ~ 4.5%
日用消费品行业	1% ~ 2.5%	精密仪器行业	4% ~ 5.5%
机械制造行业	1.5% ~ 3%	汽车行业	4.5% ~ 6%
化学行业	2% ~ 3.5%	光学及电子产品	7% ~ 10%
制药行业	2% ~ 3.5%		

图 5 - 3　分行业的提成率统计数据

上述数据同样在国外关于非自愿许可以及侵权赔偿数额的计算中得到证实。例如，世界卫生组织在为有关国家制作一份关于药物非自愿许可的许可费指南时，收录了美国等发达国家各行业

---

❶ 除了以产品销售额的一定比例支付许可费之外，还广泛存在其他一些许可费计算及支付方案，如一次性概括支付、按期支付固定金额、按件支付一定金额等。但按销售额的一定比例支付许可费是最为通行的计算模式，在国际技术许可实践中得到了广泛的应用。

❷ ［美］德雷特勒：《知识产权许可》，王春燕等译，清华大学出版社 2003 年版，第 285 页。

❸ 沈品发等编著：《无形资产评估理论与实务》，华东理工大学出版社 2005 年版，第 62 页。

❹ 同上。

领域的许可费率，如图 5 - 4 所示。

产业领域	许可费率（%）	产业领域	许可费率（%）
各产业领域平均数	0.65	造纸	0.86
化工	2.96	食品制造	0.70
制药业	4.87	饮料、烟草	2.23
计算机及电子产品制造	4.52	旅馆、餐饮	1.31
电器设备制造	0.75	艺术、娱乐、消遣	0.34
农、林、渔、猎	0.13	信息	1.44
采矿	0.94	批发	0.14
公益事业	0.03	零售	0.20
建筑	0.02		
手工制作	0.48		

图 5 - 4 美国各产业领域的平均许可费率❶

对于许可费率最高的制药业，其各档许可费率的分布如图 5 - 5 所示。

许可费率（%）	0~2	2~5	5~10	10~15	15~20	20~25	25以上
在全部统计数据中所占比重（%）	23.6	32.1	29.3	12.5	1.1	0.7	0.7

图 5 - 5 美国制药业许可费率分布

这份报告也对菲律宾、马来西亚、新加坡、莫桑比克、赞比亚、印度尼西亚等发展中国家在医药上的非自愿许可费率进行了调查，结果发现绝大多数许可费率在 5% 以下。

在侵权诉讼的赔偿金数额的确定方面，美国的 Georgia-Pacific Corporation Vs. United State Plywood Corporation 案因提出了关于确定许可收费因素应参考的因素而备受关注。该案上诉法院认为，专利许可费的确定应参考以下因素：（1）权利人先前已获得的权利金比例；（2）被授权人使用的类似技术所支付的许可费比例；（3）授权的范围，包括是否独占许可、许可使用的地

---

❶ 数据来自美国所得税税务局。转引自世界卫生组织工作报告：Remuneration guidelines for non-voluntary use of a patent on medical technology。

域范围等；（4）权利人许可策略以及市场计划，该计划包括权利人不授权他人或以特定条件授权，借以维持专利独占性以及相关利润；（5）专利权人和被许可人之间的关系，如是否为相同领域的竞争者或权利人与促销者的关系；（6）在推广专利产品时，专利权利发挥的作用；（7）专利有效期间及专利许可期限；（8）通过采用专利技术所获得的利润率；（9）相对于先前所采用的技术，使用专利技术所产生的利益与效果；（10）可专利发明的本质；（11）侵权者使用专利的范围；（12）使用专利技术或类似发明所产生的利润率；（13）产品利润中可区分出来的非由专利技术所产生的部分；（14）合适的专家给出的意见；（15）权利人与被许可人同意的合理许可费率。该案的判决所考虑的因素非常复杂，但正因为如此，该案才在美国专利许可历史上具有里程碑式的意义。该案以及后来的一系列案例均在涉及专利侵权赔偿金额方面采用了前述关于许可费比例的计算模式，并进一步引申为一个企业支付的专利许可费不应超过其利润水平的25%～33%。❶这也从另一个角度证明了前述一般情况下的专利许可费率计算比例的科学性和适用程度。

日本特许厅曾对专利权利金的计算方法出台了一些政策，主要包括"专利权利金具体计算方法"❷，在该计算方法中以基准率、利用率、增减率及开拓率作为计算的基础，其计算公式如下：

权利金率（实施权利金比例）＝基准率×利用率×增减率×开拓率

基准率分上、中、下三种不同实施价值，又依交易价格或利益金额而有比例上的不同。基准率如图5-6所示。

---

❶ 以制造业平均低于10%的利润水平计算，利润的25%～33%也将支持一般许可费率不高于销售额5%的结论。

❷ 1996年2月27日特许厅长官通牒，特总第58号，《实施料金算定方法》。

类　　别	贩卖价格为基础	价值增加或利益金额为基础
实施价值（上）	4%	30%
实施价值（中）	3%	20%
实施价格（下）	2%	10%

图 5 - 6　专利权利金的计算基准率

资料来源：日本《实施料金算定方法》（1996）

利用率是指产品对发明利用的成数，若全部利用则为100%；增减率以 100% 为基准，然后考虑公益上的必要性、实用化、实施价格大小等加以增减；开拓率则以工业化研究费用及宣传普及费用的多寡而增减。依此种算定方法，依补偿时间不同，权利金的固定额及上下限补偿额如图 5 - 7 所示。

补偿时间	固定额（日元）	上限（日元）	下限（日元）
1.发明时	4428	170666	75000
2.申请时	4514	10166	3842
3.请求审查	——	——	——
4.登录	12220	137421	11220
5.权利存续	——	——	——
6.实施许诺	——	519047	13857
7.转让	——	371428	14900
8.持续补偿	46800	524118	15978
9.外国申请	7138	15000	5000
10.其他	9722	540250	15333

图 5 - 7　专利权利金平均额

资料来源：日本《职务发明与补偿金》（1996）

拿 DVD 来说，就有 4C 联盟（飞利浦、索尼、先锋和 LG）、7C 联盟（东芝、日立、松下、三洋、JVC、IBM 和时代华纳）和 1C（汤姆逊）等收费集团通过专利运营（联合许可、交叉许可、专利池等一系列运营模式）收取高额的专利使用费，增加竞争对手的成本、打压竞争对手的市场份额。2006 年，中国企业生产销售约 5000 万台 DVD，根据"4C"联盟、"7C"联盟的专利收费标准，我国 DVD 企业被征收数十亿的许可费，很多企业由此纷纷倒闭。电视和 DVD 领域几个主要收费集团的收费情况如表 5 - 1 所示。

表 5 - 1 CTV 和 DVD 几家主要的收费集团收费情况

产品	收费公司	许可技术	收费（美元/台）
电视	1. 汤姆逊	模拟技术	1 ~ 2
	2. Zenith	调谐器技术	1.0
	3. Tri-vision	V-Chip 技术	1.25
	4. Sony	模拟技术	1 ~ 2
	5. Intel	HDCP	1.5 万/年
	6. 杜比	虚拟杜比	0.7
总计			5 ~ 7（美元/台）
DVD	1. 4C 公司	DVD 技术	5
	2. 7C 公司	DVD 技术	4
	3. IC 公司	DVD 技术	约 2
	4. MPEG-LA	调频标准	2.5
	5. DTS	DTS 音频	约 3
	6. 微软	HDCD、WMA	0.45
	7. 杜比	杜比 AC-3	1.0 ~ 1.5
总计			18 ~ 18.5（美元/台）

这些专利运营者提出的收费标准是 1996 ~ 1997 年制定的。当时 DVD 的价格约为每台 400 美元，所有专利费占售价的 5%；而 2006 年普通 DVD 的国外零售价约为每台 70 美元，而国内厂家供货价格约为每台 35 美元，如果再按 20 美元收取，专利费就占到厂家售价的 57% 左右，明显过于霸道。

第二节　专利许可收益

　　这是现阶段发达国家专利运营公司进行专利运营的最主要形式，专利运营者进行专利许可的模式也正由单一专利持有人许可向组建专利联盟、组建专利池、将专利与标准结合捆绑收取费用等新的形式转变。例如，美国专利运营者依据由数千项专利组成的 ATSC 标准对全球彩电生产企业收取每台彩电 23 美元左右的专利许可费用，主要涵盖了 11 项收费项目，其中有单一企业、企业联盟等各种形式的专利费用收取情况。日本索尼公司凭借 4 件涉及数字接口 POD 模块的专利技术向彩电生产企业收取每台 600 日元加净售价 2% 的专利费；日立、东芝、松下、飞利浦、索尼、汤姆逊、siliconimage 等 7 个企业的联合体依靠数字接口专利即 HDMI 技术，向其他彩电生产者每年收取 1 万美元的入门费等。发达国家的跨国公司正是通过颁发专利许可证、收取专利许可费的运营模式掠夺了发展中国家企业利润中的主要部分。

一、专利许可运营的定义

　　专利许可是专利运营者最简单、最直接、最主要的专利收益运营模式。专利许可运营是指专利运营者凭借直接或间接获得的专利权许可他人在限定的时间和地域范围内使用专利权，被许可人向专利运营者支付专利许可使用费。专利许可的标的为专利使用权，不影响专利权的归属。专利许可贸易实质上是一种贸易模式，这种贸易与商品贸易之间十分重要的一点区别是，商品贸易是商品所有权的买卖，买方一旦按规定履行支付义务，即获得交易项下商品的所有权。他不仅可以使用该商品，而且可以以任何模式处置这一商品。许可贸易则不同，专利运营者一般只是允许对方当事人使用或实施该专利权，并不具有占有和处置所许可专利的权利。如果专利运营者将其对某一专利权拥有的占有、使用、收益和处置等权利，都让渡给对方，那么这种交易就是后述的专利出售了。

专利许可的特点可以归纳为以下三点：（1）专利许可是专利使用权的授权。也是专利运营者对于专利被许可人，使用专利而不进行法律诉讼的承诺。（2）专利许可不是专利权的出售，因此对专利权人的风险较小，但其交易额相对于专利出售也较小。（3）专利的许可过程类似于专利出售，但法律程序更简单，且成交时间也更短。

可用以下例子来说明专利运营者将专利许可授予他人的优点。某企业拥有一种新的耗能低的 LED 专利技术，并推出了产品。为尽快推广其产品并扩大其对市场的占有份额，此企业通过专利运营公司将其专利同时许可给多家制造 LED 产品的厂家。该专利运营公司确定专利许可策略时是这样考虑的：由于该项 LED 技术还很新，其市场的潜力还难以预测，因此不宜过早将该专利许可授予独家企业。以非独占许可的模式将专利许可授予多家厂家，会给专利权人带来更大的灵活性和更高的经济收入。

对于专利运营者而言，专利许可是较为常见的专利经营环节，突破了专利作为技术只停留在生产层面的局限，将专利本身作为一种商品引入市场流通领域，从而拓宽了专利价值的实现模式。专利许可有很多种模式，这些模式并不都属于专利运营的范畴。专利许可是否属于专利运营的范畴要根据专利权的归属以及许可人、被许可人获得专利权的目的来判定。

二、专利许可运营的类型

在专利许可运营中，专利运营者作为许可方可根据实际情况决定给予对方实施许可的范围从而获得市场收益。专利运营者在进行专利许可时，一般采用独占许可、非独占许可、排他许可、

交叉许可、分许可等基本类型，其中非独占许可、交叉许可以及
分许可是其较常采用的模式。专利许可的类型如图 5-8 所示。

图 5-8 专利许可运营的基本模式

（一） 独占许可

独占许可是指专利运营者（专利权人）授予被许可方（受
让人、接产企业）在许可合同所规定的期限、地区或领域内，
对所许可的专利技术具有独占性实施权。专利运营者（专利权
人）不得再将该项专利技术的同一实施内容许可给第三方，专
利运营者（专利权人）自身也不能在上述的期限、地区或领域
内实施该项专利技术。专利运营者（专利权人）对该专利享有
的利益只能从被许可人处获得，被许可人是专利运营者权利收益
的唯一来源。这种许可能使被许可方在尽可能大的程度上控制市
场，如图 5-9 所示。

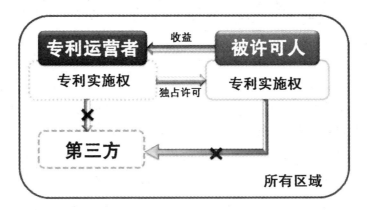

图 5 - 9　独占许可

　　根据国际许可证贸易工作协会公布的资料，独占许可合同的特许权使用费一般要比普通许可合同高 66% ~ 100% 。日本许可证贸易工作者分会也对独占许可合同和普遍许可合同的专利提成率进行了专门研究，认为独占许可合同的专利提成率一般要比普遍许可合同高 20% ~ 50% 。目前，专利独占许可的形式在日本、美国和西欧地区都较为普遍。由于这些国家和地区实行的是自由市场经济，产品可以自由竞争，受让人愿意出高价以专利独占许可的形式获得先进技术，以便垄断合同产品的销售市场，独霸一方，从而获得巨额利润。

　　鉴于独占许可的特殊性，法律一般赋予独占被许可人一定程度的独立诉权；同时从保护竞争的角度出发，法律禁止独占许可人在缔结独占许可合同时滥用其优势地位，从而不合理地限制被许可人的正当权益。基于此，独占许可一般常用于拥有专利权的生产企业的专利运营；而对于以专利运营为主业的非实施主体公司而言，由于这种模式受到法律的限制，同时其专利许可运营收益受到独占的限制，所以其不常采用这一模式。

（二）　非独占许可

　　非独占许可即普通许可，是专利收益运营中最常见的一种类型。专利运营者在专利有效期许可他人在一定期间和特定的地域范围内可以实施该专利。该类许可的专利运营者有权行使原来就具有的专利权，原来享有的权利并没有受到许可的约束，包括可以许可被许可人之外的其他人实施专利；但被许可人无权许可他人实施该专利，如图 5 – 10 所示。与独占许可相反，它是一种债权性权利，不具有排他性，不仅专利运营者可以实施，而且可以再许可他人实施同一专利。意大利 Sisvel 公司从 2005 年开始向中国 200 多家企业收取专利费用便是采取非独占许可的模式。

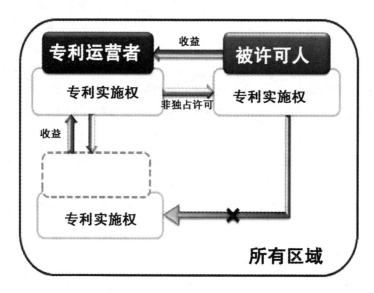

图 5 – 10 非独占许可

非独占许可的被许可人能否作为原告提起侵权诉讼，能否申请法庭采取临时措施，取决于实施许可合同的具体约定。由于普通许可合同中的许可方保留了较多的权利，因此其使用费也比独占许可合同和排他许可合同要低。非独占许可的被许可人有权在合同规定的范围内实施专利，但其不能阻止专利权人与第三人另外订立实施许可合同，也无法对抗其他被许可人。所以，非独占许可合同与独占许可合同不同，前者仅在当事人之间产生约束力，仅是一种债权债务关系，因此似乎并无必要登记。登记是指在专利许可交易后须到国家专利行政管理部门登记备案的程序。但由于专利权可以出售或由独占许可他人实施，以及专利权的无形性，因此，如果非独占许可不登记，而在后的过户受让人或独占许可实施权人在未被告知的情况下与专利权人订立了合同并经登记，则在后的受让人或独占许可实施权人与在先的普通许可实施权人必然形成权利冲突。这往往是专利运营公司容易忽略的环节。

（三）　排他许可

排他许可即许可方（专利运营者）在约定的时间内，在某一地区内只许可一家被许可方实施被许可的专利权，同时保留自己在该地区内实施被许可标的权利。换言之，在许可期限内，除了许可人和被许可人之外他人无权实施该专利。也就是排除了你（专利权人）和我（被许可人）之外的他（第三人），如图5-11所示。从排他许可协议的特征来看，在一定的期间和地区内，市场上存在两个合法使用专利的主体，它们均共享专利的使用利益，任何对该专利的侵犯均会对许可人和被许可人造成损害。因此，市场上一旦出现第三人侵权的事实，许可人和被许可人均有理论上的诉权以寻求司法救济。对于专利运营公司而言，这与独占许可一样，专利收益较小，因此一般不会以此模式来运营专利。

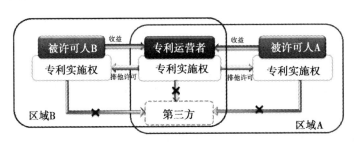

图5-11　排他许可

（四） 交叉许可

交叉许可（互惠许可证贸易）是指如果两个专利运营者所拥有的专利技术存在某种关联，则可以采取交叉许可的模式签订许可合同，即相互许可对方实施自己的技术，且无须相互再支付使用费，如图 5 - 12 所示。确切地说，A 运营者向 B 运营者提供了一项专利许可，而 B 运营者后来也向 A 运营者提供了另一项专利许可，这样，双方至少有一方可免除一部分专利权许可使用费的支出。由于两运营者之间存在专利许可贸易，故当然属于专利运营的范畴。但是，此类交叉许可常用于同行业的生产产品公司之间；对于专业的专利运营公司而言，主要是在对拥有的专利资本进行整合、构建专利池或专利联盟才采用这种方式。把此行为划归于专利运营收益环节，主要是因为在交叉许可时虽然很少产生直接的金钱交易，但是其减少了专利许可费用，从而变相地产生了收益。

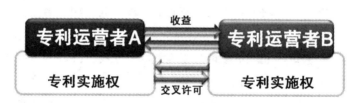

图 5 - 12　交叉许可

（五） 分许可

这是非专利实施的专利运营公司常采用的模式。分许可是许可方同意在合同中规定，被许可方在规定的时间和地区内实施其专利的同时，还可以以自己的名义，再许可第三方使用该专利，如图 5 - 13 所示。被许可人与第三方之间的实施许可就是分许可。在这种分许可交易中，前者被称为"分许可方"，后者被称为"被分许可方"。被许可人向他人发给再（分）许可证时，必须征得专利权人同意或事先获得发给再（分）许可的权限，否则不得自行转让专利许可实施权。非专利实施的专利运营公司一般都充当"分许可方"，它们受许可方（专利资本投资者）的许可，在一定的时间或区域内收取专利金，实际上是充当"代理人"的身份。这是专利运营公司收益的主要途径。当然，专利运营公司除了可以直接向第三者收取权利金外，还可在许可方认可的情况下，再次许可给下一方（再分许可），由下一方来收取权利金。

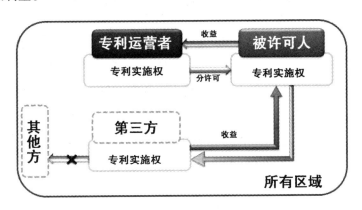

图 5－13　分许可

分许可带有很强的隐蔽性，专利缴费者往往很难把握收益最终归于谁。国际上很多跨国公司，如微软、菲利普、苹果公司，往往考虑到市场消费者的情绪而不愿直接向专利实施者收费，常常采用分许可的模式来进行专利运营。

专利运营者在进行分许可时常常考虑以下几个方面的因素：第一，判断被许可人能否进行分许可，要看许可人是否在专利使用许可协议中明确授权被许可人对被许可专利进行分许可；第二，无论是独占许可、排他许可还是普通许可，经专利权人特别授权，被许可人都可以进行分许可，但分许可必须是普通许可；第三，分许可的有效期限不得超过主许可的有效期限，超过期限的部分无效；第四，分许可所及的地域范围不得超过主许可的有效地域范围，超过范围的行为则构成专利侵权；第五，分许可规定的专利使用模式不得超出主许可证所约定的使用模式。

专利许可的范围是确认在某地区制造（使用、销售）其专利的产品，或者使用其专利方法以及使用、销售依照该专利方法直接获得的产品，或者进口其专利产品和进口依照其专利方法直接获得的产品。选择合适的专利分许可的范围直接关系到双方的权益以及许可费用，是专利许可中至关重要的问题。

此外，专利许可还存在一种强制许可模式，这种模式最先以法律条文形式出现是在 1883 年制定的《保护工业产权巴黎公约》中。一些国家特别是发展中国家的专利法都规定了专利权人有实施其专利发明的义务；把不实施其专利发明视为滥用专利权的行为，并采用强制许可证、撤消专利权或由国家征用其专利权等办法予以制裁。强制许可实际发生的情况很少，而且多涉及与国家利益的冲突。严格来讲，这种许可不应包括在专利运营范畴之内。

三、专利许可运营的效力

不同专利许可存在不同效力，如图 5 - 14 所示。从中可以看出，许可人的权利起点不可能为零，无论是哪种许可，专利权人始终是专利权人，即使在独占许可中其在许可期间成为名存实亡的权利客体，专利权人也始终还享有法律规定的专利权。以被许可人为中心比较不同的专利实施许可方式，其效力等级排序为：独占许可 > 分许可 > 排他许可 > 非独占许可 > 交叉许可，如图5 - 15所示。

这也意味着，在一般情况下被许可人为此支付的对价与权利效力等级是成正比关系的，即拥有的权利越多，支付的对价就越多。而在交叉许可中，双方相互从对方处获得自己想要的利益，两者本身的权利起点也是相同的，也就是说双方都有各自的专

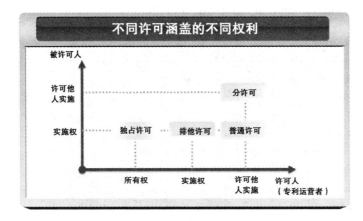

图 5－14　不同许可涵盖的不同权利

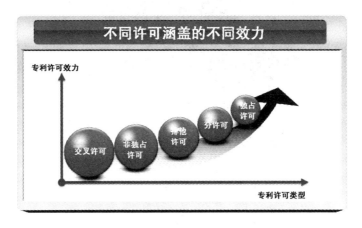

图 5－15　不同许可的效力

利权。

四、专利许可运营的策略

专利许可的最终目的是将专利资本转化为金融资本，所以无论是采用何种许可模式，专利运营者均将利益最大化放在首位。专利运营者应综合考虑其自身的市场地位、研发实力、资本实力、相关产品的特性，许可专利在相关产品生产过程中的重要程度、许可专利在战略上对权利人的重要程度，以及被许可人所在国家（地区）专利保护的强度等因素，从其综合利益、经营发展战略高度来决定专利许可的策略。通常，专利运营者的专利许可策略包括限制型与互惠型两种类型，强势、退守、开放、单纯授权等四种策略，如图 5 - 16 所示。

图 5 - 16　专利运营许可的类型及策略

（一）　强势型许可策略

这属于限制型许可策略，是运营者常采用的一种积极主动的对外许可模式。专利运营者除了以和平的模式积极寻找专利技术的被许可方之外，还可以以诉讼为威胁要求专利技术的使用者支付专利许可费。采取这种许可策略的专利运营者多为拥有行业领先技术的专利或者是行业标准的制定者，拥有丰富的专利资源，而这些专利资源是被许可人进行生产、销售等经营活动必不可少的条件。强势型许可策略除了能够让专利运营者获得高额的专利许可费之外，更重要的是还通过专利资产的组合及运作，帮助专利运营者控制行业的技术发展方向，遏制竞争对手的发展，提高自身竞争优势，实现对行业发展的支配。在中国市场上，这是专利运营者对我国企业常用的许可策略。

专利运营者采用这种策略时，在专利许可中往往把被许可方需要的技术和不需要的技术作为一个整体，一起许可给被许可方，被许可方不得只购买其需要的技术而不购买其不需要的技术。例如，在 2002 年，3C、6C 联盟在中国收取 DVD 专利权利金，就是将专利权人的若干专利捆绑在一起对我方进行许可，且不容我方对其中的条款和专利有质疑，严重损害我方利益。这就是典型的强制型许可策略，对我国相关行业的影响非常大。

此外，如果专利运营公司发现其专利权存在被侵权的事实，其通常会主动向侵权方提出签订授权许可使用合同的建议，要求其支付相应的使用许可费。这也就是我们所说的"棍棒"式许可。如果对方不愿意签订许可使用合同，则专利运营者可提出专利权侵权损失赔偿诉讼，同样能达到提高专利收益的目的。

强势型许可策略还存在一种模式，就是专利运营者在许可时强行与被许可方签署回授条款。回授条款是指专利运营者以许可为条件，要求被许可人必须将基于该专利而作出的改进或发明专利，授权给专利运营者。回授条款往往能巩固和扩张专利运营者的垄断地位，因为专利运营者可以通过基础专利来控制所有的改进专利。当然，这种回授条款往往会用专利权滥用的嫌疑；但是，判断是否构成滥用，须考虑相关市场中竞争产品存在与否，独占或非独占许可是否对竞争有不利影响，以及对被许可人发明意愿的影响等因素。所以，专利运营者在专利许可时常常采用该种模式。

就许可费而言，虽然没有绝对的规律，但采用不同的许可策略产生的专利许可费通常不一样。在强势型许可策略之下，专利运营者的收益一般是最丰厚最直接的，所以强势型许可策略是专利运营公司在专利运营时所追求的理想策略。

（二） 退守型许可策略

该种策略属于互惠型，主要体现在专利运营者与被许可方相互收益的许可交叉授权。随着市场竞争的日趋激烈，以及科学技术的综合化、复杂化，即使是大型企业也不可能在所有技术领域都保持领先或者独占专利。而许多专利运营者拥有的技术往往是相互接近的，在这种情况下，专利运营者和企业之间的交叉授权已经成为市场竞争中专利经营的主流。被许可的企业可以因此提高本身的技术水平，并更有效地使用其研究开发经费，可以避免重复的科技投资；专利运营者则可进一步集中相关专利技术，增加其专利运营的筹码，获得更大的收益，当然也可进一步加大技术的转移。此外，专利运营者觉得自己的产品可能会侵犯他人的其他专利，也是选择交叉许可的缘由之一，即以自己的专利许可为代价获得他人对其他专利权的许可。互惠的专利许可交叉授权，是运营者与企业互相取长补短的极佳形式。总体来说，对于此种互惠式的许可，专利运营者没有获得直接的最大收益，但是长期的收益将大大超过强势型许可模式。不过要真正达到这一目标，运营者或企业本身应该首先拥有优质的技术专利，这种优质专利体现在专利权强度对运营收益影响的程度上，如图 5 - 17 所示。

专利营运者在进行专利交叉许可谈判时，首先要决定用什么样的策略进行谈判。例如，将所申请的专利权分割，以扩大专利权的件数；选择关键的几项专利作为核心专利等。这样，专利交叉许可谈判就变成为专利运营者的专利群和对方进行的谈判。在专利运营者的这一专利群中，可能存在 10 ~ 20 件的专利。这些专利中的每一件都有可能和其他的专利发生抵触，其本身还有可能变成无效专利。因此，作为专利被许可人的对方一般将在一年

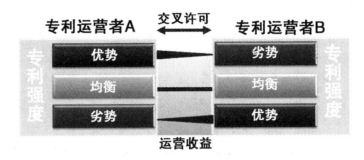

图 5 –17　专利权强度对运营收益影响的程度

或数年之后对被许可专利权进行交涉。在专利交叉许可谈判中，双方持有专利的件数也是谈判的一项内容。而核心专利应该在生产或服务中具备较大的影响力。

在专利交叉授权谈判中，由于长期性谈判，双方多数能拿到均衡的许可费用。但是，在与专利运营者进行的授权谈判中，被许可企业往往会面临很多强硬要求，这需要进行彻底的争取或者面临诉讼威胁的压力。

如果几个大型专利运营者或企业相互间采取这种策略，则有可能形成专利池，结成产业间的专利联盟。这种许可策略多发生在具有累积性技术特点的电子及半导体行业，这些行业的技术发展遵循线性轨迹，专利重叠的可能性非常大，要生产和销售产品一般都要获得其他专利权人的许可。例如，在 DVD 案件中，6C 集团就是由主要的几个专利权人之间相互许可专利形成的专利联盟。

（三）　开放型许可策略

这种许可策略是允许所有的企业以合理的专利许可费甚至是免费使用专利运营者的专利技术。专利运营者凭借专利权积极地向其他企业提供授权许可，也是扩大自身许可市场的一种重要战略。提供这样的授权许可一般可以达到以下目的：（1）扩大专利运营公司获取专利权收益市场；（2）分散、转换专利运营风险。

一旦专利运营者确定将通过许可策略来获得收益，它们将尽可能将专利权许可给更多的使用者，但这样的话专利技术的市场可能不能充分发育、扩张，甚至有类似技术来抢占或夺取其相应的市场。因此，通过授予其他被许可方廉价的使用许可，施展扩大其技术专利市场的战略从而获得极大利益者也不在少数。

采取这种许可策略的专利运营者一般是运营经验丰富、资本和技术实力均十分雄厚的行业领导型运营者。专利运营者采取这种许可策略的原因包括：反垄断法或其他法律的约束，使拥有垄断地位的专利运营者被迫向社会公开许可其专利；打击其他技术领先者，以开放的模式许可第三方使用专利，使专利技术成为事实上的行业标准，从而阻碍其他技术领先者在该行业的发展。另外，这种许可策略可以提高产品的兼容性，对于一些具有网络特性的行业（如电信）来说，产品生产商的发展取决于整个行业的成长，而开放性的许可可以提高产品的兼容性从而促进整个行业发展，最终使专利运营者的发展处于一个更高的水平。

（四） 单纯授权型许可策略

对于某些不能形成产业壁垒，也不能构成某些专利联盟，市场上相关企业也需要的专利，专利运营者将采取单纯授权许可的模式尽量多地向外许可这类专利技术。这种许可的收益是零散的、小额的，但是专利运营者还是乐此不疲地进行许可，这主要是从成本与收益的角度来考虑。

对于专利运营者而言，决定具体采取何种策略来进行许可，不是一蹴而就的，而是要根据具体情况来确定。例如，某一专利运营者采取互惠开放式的许可模式将其技术专利群中的专利许可授予了许多企业，甚至包括竞争企业。由于授权广泛，虽然单项授权合同得到的利益很小，但是众多授权合同合在一起的收益可不小。同时，由于运营者所拥有专利群的优势技术关联市场变大，从而确保了运营者所拥有专利的根本权益，因此，专利运营者依靠互惠许可，扩大了专利产品的市场，并保持了其原拥有的利益。由于运营者的专利在市场得到了广泛使用，在行业还没有确定相关技术标准的情况下，该专利技术就可能成为行业的技术标准。这时专利运营者就可以利用专利池来采取强势型授权许可策略，进行收益最大化的专利许可。

专利运营者还有可能同时采取不同的授权许可策略。例如，某专利运营者拥有相关技术或产品的两个专利池，现将其中一种技术或产品的专利池以非常低廉的价格提供授权许可，而另一种技术或产品的专利池作为独占或高授权许可费用以垄断市场。这样，廉价的授权许可产品吸引了很多企业进入市场，通过该专利技术的许可授予可以使市场扩大。尽管这一廉价许可使用费用提高不了多少专利运营者的经济收益，但另一独占或高授权费用的专利池可以确保专利运营者的利益。这种综合策略既考虑了产品的市场培育，又可以确保专利运营者的收益。两个专利池互相配合，相得益彰，如图 5 – 18 所示。❶

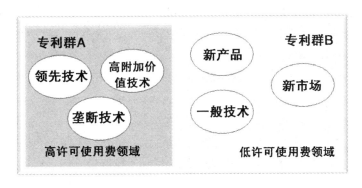

图 5 – 18　专利权授权许可综合战略

　　❶　日本经济产业省特许厅："戦略的な知的財産管理に向けて——技術経営力を高めるために"，载《知財戦略事例集》（2007 年 4 月），第 130 页。

第三节　专利转让收益

专利运营者转让专利的目的主要是使投资者（权利人或是委托人）在专利转让方面获得权利出让金。日本的日立公司所实施的"专利有偿转让政策"颇为著名。即便是对于自己的竞争对手，日立公司也将一些专利有价出售。在日立公司内设有专利运营部门，每年都获得了可观的收益。多年来，日本的专利公报上一直都刊载了愿意出售专利权的广告和出售说明。与仅授予专利许可相比，转让专利容易获得大额的权利出让金；并且转让专利后，专利权人无须再为闲置的专利支付专利权的维持费和管理费。特别是日立公司、IBM 公司等大企业，每年都申请了大量的专利，维护费用极高，尤其对于国外专利权的维护费用更高，是一个沉重的负担。如果能够及时出售，不仅可以回收技术研究开发的投入，而且可以节省专利维护成本。当然，专利转让后原专利权人不再拥有该专利权，特别是将关键技术出售给与自己技术水平差别不大的企业时，极有可能被该企业赶上，从而失去行业领先优势。因此，要事先考虑出售专利所带来的风险。

一、专利转让运营的定义

专利转让是专利运营者出售其占有的全部权利。当专利运营者将受专利保护的发明的全部独占权，不加时间限制或任何额外条件地转让给他人时，就可以说发生了专利转让。换言之，专利转让就是专利运营者为追求效益，以及事业发展的转变，将价值不高的专利进行权利转移。这种行为可以统称为专利转让，也可称为专利销售、专利剥离。专利运营者进行专利转让的前提条件是：其本身为被转让专利的权利人或是受专利权人委托有相应的转让权利。专利转让有两种类型：一种是对运营者自身拥有的专利进行整合后将部分专利进行转让出售；另一种是受第三方委托，对其拥有的专利进行转让销售。无论何种类型，是否转让专利都须从产业链、价值链、供应链以及业务发展角度来考虑。专利转让收益就是专利运营者将专利出售给他人，使他人成为专利权人，从而获得的相应收益。

与专利许可不同的是，专利转让的标的是专利所有权。在一般意义上来说，实施专利许可是指专利运营者（专利权人、专利申请人或者其他权利人）作为许可人，受让人在约定的范围内实施专利，并向许可人支付约定的使用费用。专利转让则是一次性的交易，而专利许可往往可以多次（除非是独家许可）、多方进行。专利转让的成交价格比专利许可更高，但专利许可收益会是长期性的，其收入的总累积金额可能比专利转让收益还要高。所以，对于专利运营者而言，一般还是比较重视专利许可的运营。

专利转让的原因一般有：专利运营者不会将专利进行产品化或者二次创新，这些专利与专利运营者的发展规划相悖，专利的前景不好、发展空间不大，专利技术已经过时，已经有新的专利取代所转让的专利等。总之，专利被专利运营者转让的根本原因是将无法实现价值的专利转化为经济收益，促进专利物尽其用。专利转让是彰显专利价值、获得转让金的市场交易行为。

对于专利运营者而言，转让专利的好处是：一方面，减少专利运营者的开支。随着专利运营者专利保有总量的增加，专利的申请费、年费、管理成本和诉讼费用也迅速增加，定期抛弃特定时期内申请的专利能够减轻专利运营者的债务包袱，提高专利运营效率；特别是日立公司、IBM公司等大企业以及高智发明公司等专利运营公司，每年都申请或管理了大量专利，维护费用极高，尤其对于国外专利权的维护费用更高，是一个沉重的负担。如果能够及时出售，不仅可以回收技术研究开发的投入，而且可以节省专利维护成本。另一方面，通过专利的转让也能为专利运营者带来大额的权利出让金，从而增加经济收益，提高盈利水平。

转让专利存在以下困境：专利技术转让之后，专利运营者不可能再进行许可，特别是生产产品的专利运营者将关键技术出售给与自己技术水平差别不大的企业时，极有可能被该企业赶上，从而失去行业领先优势。因此，要事先对是否转让该专利进行谨慎的分析。专利运营者在进行专利许可时首先考虑的是，什么时候卖出和卖出什么专利。如果觉得有些专利目前不能通过其他运营模式带来什么收益，放着也是浪费，就可以卖给别人。但是卖给别人时要很小心，不能只看眼前有无收益，更应该关注长远一点。如果5年之后发现之前不小心卖出的专利成为产业发展的关键技术，那就追悔莫及了。

总之，专利转让是一次性交易，而专利许可往往可以多次（除非是独家许可）、多方地进行。专利转让的成交价格比专利许可的单次价格要高，但专利许可会是长期性的，其收入的总累积金额可能比专利出售的价格还要高。在实际操作中，专利许可可能是友好式的许可，例如，买方确实需要技术来做产品，需要获得他人的专利许可以保护自己的产品；但也可能是"棍棒"式的许可，例如，专利权人掌握了对方侵权的证据，从而强迫对方接受许可并缴纳许可使用费用。

二、专利转让运营的方式

传统的专利转让，通常是专利所有人与专利购买人在私底下进行的。这种私下交易环节会有以下问题：（1）由于缺乏公开且透明的交易市场，且每个专利的差异性很大，故很难评估专利的价值；（2）由于评估上的困难等因素，协商的时间会加长，交易过程非常缓慢；（3）由于无法聚集所有有兴趣的买家一起进行交易，因此会造成成交的价格偏低，甚至会出现无法成交的状况。

近年来，随着专利运营公司的兴起，传统的固定资产交易模式纷纷在专利运营中得以体现。此外，随着全球经济一体化以及产业结构的转型，很多企业面临专利资产处理问题。下文将立足于专利运营者的角度，解析两种新的专利转让类型——专利拍卖和专利剥离，如图5－19所示。

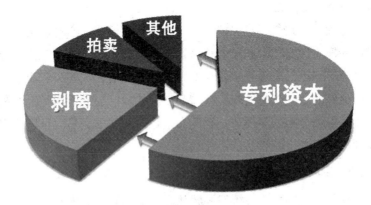

图 5－19　专利转让的运营方式

（一）　专利拍卖

拍卖既是古老的买卖形式，又是现代商品、服务和资产的重要交易方式。适用于专利运营的主要拍卖方式有：英格兰式拍卖、荷兰式拍卖、密封递价拍卖、有底价拍卖、无底价拍卖、定向拍卖、集邮者拍卖（又称维克里拍卖)[1]、网络拍卖等。拍卖流程看似标准化，但它是各交易主体间动态博弈的过程[2]，结果具有随机性。常用的专利拍卖形式是以委托寄售为业的商行当众出卖寄售的专利，由许多顾客出价争购，到没有人再出更高价格时就拍板，表示成交。它通过一个卖方（拍卖机构）与多个买

---

[1]　[美] 哈尔·R. 范里安：《微观经济学（第六版）》，费方域等译，上三联出版社、上海人民出版社 2006 年版，第 254 页。

[2]　张维迎：《博弈论与信息经济》，上海三联出版社、上海人民出版社 2004 年版，第 157～158 页。

方（竞买人）进行现场交易，使不同的买方围绕同一专利或专利组合竞相出高价，从而在拍卖竞价中发现其真实价格和稀缺程度，避免交易的主观随意性，更直接地反映市场需求，最终实现商品的最大值。由此可知，拍卖一般具有三个基本特点（或基本条件）：必须有两个以上的买主；必须有不断变动的价格；必须有公开竞争的行为。

专利拍卖改变了过去那种一对一的转让模式，通过市场竞价交易的模式来实现专利权的转移，具有覆盖面广、公平竞价、合理出售等特点，对于有意转让专利权的人与潜在的购买者而言是一种很好的专利交易模式。目前，专利拍卖已经成为国际上专利转让、专利交易的新环节。企业在进行专利技术交易时可以运用专利拍卖，以提高交易的可能性。

1. 专利拍卖的发展

专利拍卖解决了传统专利转让存在的问题，成为一种新的专利销售方式。

随着市场对拍卖模式的普遍认同，专利拍卖在美国现已成为一种较为成熟的技术交易环节。例如，美国著名的知识产权资本化综合性服务集团海洋托默公司（ICAP Ocean Tomo, LLC，以下简称托默公司），已在美国、亚洲和欧洲举办了9场知识产权现场拍卖会，成交金额累计超过千万美元。目前，该公司每年定期举办专利拍卖会，每场都会吸引国内外众多企业、发明人、投资人、中介结构的参与。2006年4月，托默公司在旧金山举行了第一次现场专利拍卖，在85分钟的拍卖中，78个拍卖标的卖出了26个，成交金额高达300万美元。其吸引了许多知名企业参与，包括全球500强企业中的微软、AT&T、通用电气、杜邦等。同时，许多卖家更授权托默公司在拍卖会结束之后可将专利卖给在拍卖会上出价最高但是未达底价的买家。❶ 因此，实际上成功卖出的专利数量，可能远超过拍卖会上成交的数量。

尽管大多数人认为这是一场成功的拍卖会，但是有些人则提出了一些批评，其中包括 Wall Street Journal。其认为该拍卖会所涉专利的差异性过大，技术领域过广，间接稀释了可能的出价者；另外，专利的价值评估都由卖家决定，有失客观性。❷

不管外界的评价如何，托默公司仍然每年在美国进行 2 次现场拍卖，并于 2007 年开始在欧洲进行拍卖。在 2009 年 ICAP plc 收购托默公司的交易部门后，Ocean Tomo Auction 更名为 ICAP Ocean Tomo Auction，并于 2009 年在香港举行首次亚洲拍卖。

托默公司会有这样的坚持，是有其原因的。现场专利拍卖可以避免上述私下交易中的第（2）个问题；且通过各种宣传渠道，包括电视、报纸等，吸引了许多买方以及卖方，也减轻了第（3）个问题；但仍然会有专利价值不易评估的问题。因此，托默公司采取了几个措施，如利用公司内部的研究部门 Ocean Tomo Patent Ratings 协助卖家评估专利❸，且借由在线数据库（secure online data rooms）和一对一会议（one-on-one diligence meeting）使买家更了解被拍卖的专利。相信这样也可以大幅减轻第（1）个问题。

专利拍卖已经成为专利技术转化为生产力的一个重要途径。2011 年 6 月的北电网络专利拍卖会，吸引了国际一流通信设备企业的眼球，谷歌公司出价 9 亿美元购买由已破产的加拿大电信设备制造商北电网络（Nortel Networks）持有的一系列专利组合。

---

❶　James E. Malackowski, "The Intellectual Property Marketplace: Past, Present and Future." The John Marshall Review of Intellectual Property Law, Vol. 5, Issue 4. pp. 605 – 616, 2006.

❷　Perry J. Viscounty, Michael Woodrow De Vries, and Eric M. Kennedy. "Patent Auctions: Emerging Trend?" The National Law Journal, Vol. 27, Issue 86, p. 512, May 8, 2006.

❸　Paul Sloan, "The Patent Machine." Business 2.0, Vol. 7, Issue 6, pp. 72 – 74, July, 2006.

我国对于无形资产拍卖早就开始过尝试，目前也渐趋于成熟。1987 年 12 月，深圳举行了国有土地使用权拍卖，开创了我国无形资产拍卖的先河。经过 20 多年的发展、创新，我国用拍卖模式运作的无形资产项目越来越丰富，拍卖数量、频次也越来越多。

随着专利拍卖国际交易市场的红火，我国也陆续开始了专利拍卖交易环节的探索之路。2010 年 12 月，中国科学院计算技术研究所举办了首届专利拍卖会，拍卖会的有底价专利中，"一种基于传感器网络的井下安全监测系统、装置及方法"专利技术以 120 万元高价一次性拍出，系成交金额最大的单项专利。24 项无底价专利更是受到竞拍企业的热烈追捧。70 项专利最终拍出 28 项，拍卖成交率高达 40%。本次拍卖交易为我国专利拍卖日后的市场化发展奠定了基础。最近，北京软件和信息服务交易所与香港联瑞知识产权集团在北京签约，结成全面战略合作伙伴关系。根据协议，双方将共同运作春夏秋冬四季知识产权拍卖会，2011 年的冬季知识产权拍卖会于 12 月 20 日、21 日在京举办，已征集来自汉王、华为、中兴、创维等知名企业以及中科院软件研究所、清华大学、南京大学等科研院校的专利 249 项、版权 160 件、商标 80 件进行拍卖。这种环节的持续开展将有利于更多企业参与竞争选择，从而提高专利交易的成功率及技术转化率，促进专利资源的市场运营。

2. 专利拍卖流程

专利拍卖是一种无形资产的拍卖，与有形资产拍卖的基本流程是一样的。以托默公司为例，其具体操作流程如图 5 - 20 所示。

3. 专利拍卖的影响因素

专利特性与拍卖因素对专利拍卖的成交几率与可信度有很大的影响，如图 5 - 21 所示。

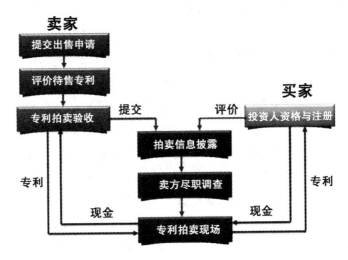

图5-20 专利拍卖流程

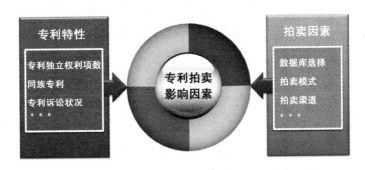

图5-21 专利拍卖的影响因素

在专利特性方面,专利被引证的程度与专利技术范围都与成交几率和可信度有直接关系。专利若由多个发明人所研发,则会有较高的成交几率与可信度。此外,专利权维持的年限越长,其成交几率也可能越小;但是由于其在市面上存续的时间长,也增加了被引证的机会,故年限和被引证的交叉项会提升成交几率与可信度。而专利所有者是个人还是非个人,则对成交几率与可信度无影响。

　　当然，专利本身对专利拍卖的成交率也存在很大的影响。例如，专利的独立权利项增加会提升成交几率与可信度；但是附属项却没什么影响，甚至可能会降低成交几率。这结果也合乎专利法规范，即申请专利范围以独立项为主，附属项用于辅助解释，无扩张申请专利范围的功用。在同族专利方面，如果发现含有EPO的专利，将会有较高的可信度；但是如果有日本的专利，则会降低可信度。此外，拍卖专利涉及的诉讼、复审无效案等法律状态以及专利维护费用等，均对拍卖结果有很大的影响。

　　在拍卖现场的影响因素方面，如果拍卖一个专利组合，则专利组合中的专利数越多，其成交几率和可信度也越低。这说明，如果想要一次性出售很多个专利，则拍卖并不是一个良好的销售渠道。而另外还有拍卖会场气氛的变量，如果一个专利组合成功卖出，则会显著提高下一个专利组合的成交几率。当然，诸如竞标人数、竞标次数、底价、未成交的最高出价等，都有可能会影响到拍卖结果，但是这些都是由专利拍卖公司来掌控的。

　　专利拍卖是一个相当复杂并充满变数的专利运营模式，除了上述影响因素外，专利评价中数据库的选择、拍卖模式以及拍卖渠道等都对成交结果有很大的影响。例如，在检索同族专利的组成分类以及分类模式等时，采用不同专利数据库得到的结果是有区别的；在拍卖时是否公布底价，是否揭露预期价值，均须在拍卖中进一步论证。此外，随着网络的发展，出现了一种新兴的交易环节——"网拍"，图 5 – 22 所示为托默公司的网络拍卖流程。不同的网络交易平台也接二连三地出现，如 eBay、雅虎拍卖、露天拍卖等；其中当然也有专门为销售专利而出现的交易平台，如 www.patentauction.com。因此有不少人会选择利用网拍销售专利。而网拍与传统的拍卖制度之间有非常大的差异，故利用何者能更好地销售专利，也是须在实践中进一步总结的课题。

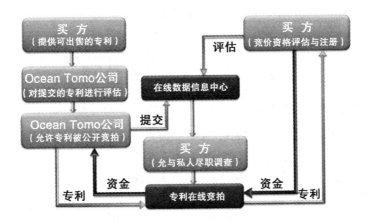

图 5 - 22　Ocean Tomo 公司的专利网络拍卖流程

（二）　专利剥离

专利剥离在专利运营中存在两种类型（如图 5 - 23 所示）：一种是非专利实施主体的专利运营者在专利整合运营时将不能即刻产生经济效益或者收益较小、成本较大的专利进行出售处理；另一种是由于专利实施主体的经营业务发生改变，原有的专利不再产业化而成为负担，从而变卖此部分专利。下文将侧重讨论第二种专利剥离。

图 5 - 23　剥离专利的两种类型

1. 相关概念

随着时间的推移，专利实施主体需要改变经营的方向、战略和其优先发展的领域，因此往往导致其希望将不再需要或不想保存的专利资产予以剥离。例如，美国的 IBM 公司将笔记本电脑业务从本企业中剥离出去。而这一业务对于中国的联想公司非常有吸引力，因此其收购了这一业务。这样的业务剥离交易就涉及专利的出售。此类交易的对象包括卖方在技术方面的投资——专利、品牌和专有技术等。通过这样的剥离交易，买方可以获得一个完整的业务部门，在不增加成本和风险的情况下，将获得非常迅速地提高收入和完成新业务部门建立的商业机会。在交易的过程中，卖方成为专利运营者，也可以委托专业的专利运营公司来进行交易。

在此需要强调的是，在进行经营调整而转让专利时，一般还涉及其他财产，这比个人专利权的转让更复杂。特别是卖方的某项经营业务出现危机，准备甩掉整个经营业务，包括其中的专利和其他无形资产。专利转让常常发生在整体企业、子公司或企业某个领域的经营业务的交易中。因此，在考虑转让某项经营业务时需要考虑如何将剥离的若干个专利进行有效的组合。专利运营者要让买方相信其所转让的包含专利的经营业务具备相当大的价值。经组合的专利能够提升整个经营业务的价值，能增加与买方谈判时的筹码。例如，2006 年，柯达公司与伟创力公司达成协议：伟创力将为柯达制造柯达数码相机，同时也将负责部分数码相机的设计和开发工作。根据该协议，柯达将其全部的数码相机制造业务分拆给伟创力，被分拆的业务包括相机的生产、装配和测试。伟创力还将接收柯达数码相机的运送和物流服务。柯达将继续掌管其高级别相机的系统设计、外型设计以及数码相机领域的高层次研发。在此项交易完成后，伟创力将获得日本柯达数码产品中心有限公司中的大部分，并接收与其关联的相机设计业务和相关的雇员。同时，伟创力还将获得柯达设立在中国的柯达电子（上海）有限公司所属的数码相机生产、装配和仓储的相关业务，并接收其相关的雇员。在此协议下，预期将有近550名现柯达员工转入伟创力。在该项交易中，柯达继续保留了其所有的专利、商标、柯达公司名称等专利以及客户、客户信息、产品功能规格、数码相机设计和其他方面的技术等无形资产。

2. 专利剥离的关键

（1）交易中双方都关注的问题。在专利剥离中，交易双方涉及的一个共同问题是保密问题。卖方往往担心其与买方的谈判和活动会被提前泄露。此时，非专利实施主体的专利运营者的参与可以屏蔽卖方的身份，直至签署交易合同。在极端的情况下，专利剥离可以采取匿名的模式。在整个专利剥离过程中，买方的身份可以是一个空壳公司或只是进行代理的一个不为人知的主体。许多专利的出售者都高度关注购买者的身份和类型，其对专利剥离出售的对象是有选择的。卖方通常不愿意将专利出售给曾经将其作为专利侵权诉讼对象的买方。通常情况下，卖方也拒绝将专利出售给直接的竞争对手。这时，专利运营者的作用就十分重要。专利运营者作为一个中介机构在将卖方剥离出售的专利呈现给买方时，已知晓卖方的交易原则，可以根据卖方的原则调整买方的类型，在现有潜在客户的基础上和市场成熟的产品系列中，发现在未来不可能对卖方发起专利侵权诉讼的买方，以适应卖方的需要。当然，有的卖方还拥有已建设的、但未作为剥离交易中一部分出售的专利产品生产线，在出售与其产品相关的专利时，一般会要求获得专利出售后的许可回授，从而使其能继续为客户提供产品而不用担心来自买方的专利侵权诉讼。

（2）谈判要点。专利的定价总是交易谈判中的重要内容。但是，在寻求满足交易双方需求的双赢结果时，其他一些问题有时比价格更加重要。使用许可回授给卖方的应用范围就是一个值得谈判的内容。卖方希望就使用许可回授的应用获得最大的灵活度；而买方则想要限制这一回授的应用范围，以免对其专利权产生干涉。

当卖方怀疑买方为获得某项专利过于积极的动机时，卖方可以要求在出售合同中增加相关条款，约束买方将来可能发起诉讼的行为与其危险地授予他人专利使用许可的行为。这些条款可能成为一些谈判中的主要议题。雇员的聘用和转移也可能是需要谈判的问题，因为此时专利的剥离已不是简单的买方从卖方获得知识产权的问题，在很多情况下，专利和技术的商品化依赖于专业团队。另外，产品设计、软件编程和其他知识资产在一些专利剥离交易中也都是很重要的部分。

三、专利转让的操作实务

无论专利转让采取何种模式，在转让方与受让方这两个经济实体之间往往都有一个博弈过程，双方都希望处于有利的地位。因此，了解并掌握专利转让及购买的具体操作流程就显得非常重要。在实际交易过程中，专利运营者作为专利权拥有者或是受委托者，往往掌握着主动权。了解专利运营公司的转让程序对于受让者来说就显得尤为重要。

专利转让的交易流程大致如图 5 - 24 所示。

（一）　确定买方

如果专利运营者进行转让，只是因为专利整合而要剥离相关的专利，则对于受让方没有什么特别要求，谁出价高就可转让给谁。但是，若专利运营者只是受委托而进行专利转让运营，其受让人则受委托人（专利权人）的限制。一般而言，产品实施的专利权人会有以下几个方面的考虑：一是不会将专利权转让给竞争对手，以免帮助其提高技术实力；二是由于受让方因自己的原因造成专利产品质量问题会影响到转让方的名誉，因此转让方应对受让方的信誉、生产能力进行一定的调查；三是在专利转让中不得泄露其他技术秘密；四是不愿意将专利转让给曾经将其作为

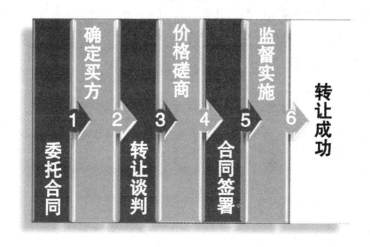

图 5 - 24　专利转让的一般流程

专利侵权诉讼对象的受让方等。所以，许多专利运营者在进行专利转让时都高度关注受让方的身份和类型，需要确定受让方的动机（是防御性的动机还是攻击性的动机）。对于专利运营者来说，受让方的动机不同，其交易价格及交易时间也都会不一样。

　　受委托的运营公司将委托方的专利呈现给受让方时，已完全了解委托方的交易原则，因此可以根据委托方的原则调整受让方的类型，在现有潜在客户的基础上和市场成熟的产品系列中，发现在未来不可能对委托方发起专利侵权诉讼的受让方，以适应委托方的需要。

　　在专利转让过程中，转让方或受让方通常都不愿过早地暴露自己的身份。一方面，转让方不愿意过早让受让方或公众知道其商业意图。由于专利是和产品紧紧地联系在一起的，如果过早地让对方知晓转让的商业意图，则转让的专利将可能落入其竞争者手中而牵涉一些不必要的诉讼。另一方面，在一般情况下，受让方也不愿意过早地暴露身份，主要原因是担心暴露公司实力而让专利运营者漫天要价，或者其本身目的就是进行专利经营而担心被对方排斥。对于专利权人而言，要隐藏身份是比较困难的，特别是对于职务发明或是因业务调整而进行的专利剥离交易，专利组合将暴露其身份。当然，对于具有相当实力的专利权人而言，适当地暴露身份并不是坏事，特别是可能因为专利权人的市场竞争力以及创新能力更能体现专利价值而增加交易的筹码。相比而言，受让方的身份更难识别，这是因为存在专门的专利运营公司，在整个专利转让过程中，受让方的身份可以是一个空壳公司或只是进行代理的一个不为人知的主体。

（二） 转让谈判

在确定有转让意向后，专利运营者将与受让人进行谈判。谈判的过程与环节对于专利运营者至关重要，这是决定收益多少的关键。一般而言，专利运营者在谈判之前会有充分的准备，这对其而言是驾轻就熟的业务。专利运营者以及受让方对于转让业务都有很多考量因素，主要包括：所要取得的专利技术的复杂性和开发程度；受让人的实际需要；受让人的技术能力及使用或改造取得技术的能力；替代技术的关联性、可得性和成本效益；受让人支付的价格（现金或实物）；提议的其他转让条款和条件，如在转让之后提供吸收和改造该新技术的支持，或受让人拥有自行改进或改造的权利；双方当事人的谈判实力（由一些变量决定，如规模、技术部门、对该技术的需求程度、竞争者的数量等）；当事人双方之间存在的关系类型（如长期、短期或一次性购买产品/服务）；是否需要技术支持及使用新技术和相关设备的培训以及许可费用等。上述诸多因素会影响双方当事人就一个互利的合同进行谈判的能力。在许多情况下，外部环境（如法律、竞争环境、需求等）对于确定谈判结果起着至关重要的作用。当事人各自的特点（如规模、技术能力等）也会起到一定的作用。

专利运营者只要认为能够获得合理的利润，一般会积极地促成转让成功。对于委托人有所顾虑的问题，如有些委托方还拥有已建设的、但未作为剥离交易中一部分转让的专利产品生产线，在转让与其产品相关的专利时，专利运营者一般会要求获得专利转让后的许可回授，从而使其能继续为客户提供产品而不用担心来自买方的专利侵权诉讼。转让方希望就使用许可回授的应用最大的灵活度；而受让方则想要限制这一回授的应用范围，以免对其专利权产生干涉。专利运营者一般会在转让合同中增加相关的条款，如关于使用许可回授给转让方的应用范围，以约束受让方将来可能发起诉讼的行为与其危险地授予他人专利使用许可的行为。这些条款会成为一些谈判中的主要议题。当然，专利运营者操控的专利转让与其他类型的专利转让一样，也存在雇员的聘用和转移也可能是需要谈判的问题。另外，产品设计、软件编程和其他知识资产在一些专利转让交易中也都是很重要的部分。

总而言之，专利运营者可以通过多种模式的契约关系进行转让。专利运营者会在个案分析的基础上，评估何种关系更适合，并就合同中应包括的具体条款进行谈判。许多市场因素、受让人的内部因素以及有关技术的特定因素会影响双方达成的协议的种类。受让人应该牢记的重要一点是，专利代表了一种鼓励竞争的垄断，专利运营者为了实现自身利益最大化，在行使其权利时有可能采用许多商业手段而滥用权利，如强迫受让人履行反竞争的义务。专利转让合同的谈判可能是一个复杂的过程，需要各方能够采取灵活积极的态度行事，力求达成一个对各方均有利的合同。

（三） 价格磋商

转让价格是转让谈判的重要内容，这是决定交易成败的关键，所以将此作为单独部分进行阐述。专利运营者在进行转让价格评估时一般会考虑到专利收购、整合、维持、管理成本以及委托方的价格需求和利润等因素，通过综合考量后进行报价。受让方则会进行市场预测、预期收益评估，然后双方进行价格磋商。

价格磋商并不会一次完成，会有几次磨合；当然，在专利运营者很有实力或受让方迫切希望获得专利的情形下，也可能存在由专利运营者发布一口价的情况。专利价格磋商过程如图 5 – 25 所示。

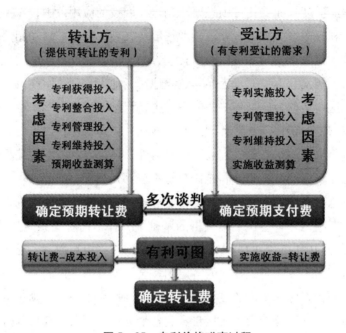

图 5 – 25　专利价格磋商过程

　　转让费的支付方式，通常有短期支付和长期支付两种。专利运营者一般主张由受让方短期支付（一般是一次性付清），但实际上很难做到。受让方通常会选择长期支付，由于涉及支付保证的因素，其支付的形式就变得较为复杂。

（四）　合同签署

　　专利运营者主导的专利转让与其他类型的专利转让一样，也需要确定专利转让合同的具体实施条款及相关的款项支付方法。专利转让是对相关权利进行交易，但是在实际交易中应该立足于其涉及的技术，所以在制定转让合同时当事人双方应就现有特定专利技术权益的转让，订立相互之间明确的权利义务关系。具体地说，专利转让合同是指以专利申请权转让、专利权转让和专利实施许可为目的，明确当事人相互之间权利义务关系的协议。专利技术转让合同具有以下特征：

（1）转让的专利技术必须是一项或几项特定的技术方案，即某一种产品、工艺、材料及其系统或改进的方案。这些技术方案不是抽象的或原理式的，而是具有特定的名称、技术指标、功能、使用或生产方法等具体特征的完整技术方案。

（2）转让的专利必须是现有的。可以转让的技术方案，必须是合同当事人一方已经掌握的。一项技术方案如果仅是一种设想，则不论其在理论上多么完善，所设想的实用价值多大，只有设想者本人尚未掌握，无法运用于生产、科研实践，其就是无法转让给他人的，而只能作为有待开发的技术。正在开发的技术，还未能为人们所掌握，其各种性能和技术指标尚未确定和稳定，也不能作为技术转让。

（3）转让的标的必须是权利化的技术方案。所谓权利化的技术方案，是指那些通过法律或合同合法地设定了专利权、专利申请权、专利实施权以及技术秘密的使用权、转让权的技术方案。技术的转让，从实质上说，是权利的转让。技术转让合同的标的是具有权属的技术，如专利权、专利申请权、专利实施权以及技术秘密的使用权、转让权等。普通技术人员已经掌握的技术、专利期满的技术等属于社会公知的技术，不能成为技术转让的标的。

（4）合同救济的主要模式是支付违约金和赔偿损失。转让的技术原则上都有实施的可能性，但是也不能排除某些技术达不到工业实施的目的，且前期投入又无法收回或转化，更无法恢复原状。因此，基于技术转让合同产生纠纷的，救济的主要措施是支付违约金或赔偿损失。

一般地说，专利转让合同由以下四个部分构成：

①理由——说明条款及相关法律条款；

②定义——合同双方的权利与义务；

③使用费及随之而来的诸条件；

④相应的服务指导工作。

其中以第 2 部分即合同双方的权利与义务最为重要，这也是签约双方应反复谈判的主题。但是，由于专有技术合同是在先进工业国家中发展而来的，往往不能满足发展中国家的要求。对"地域""能力""专有技术"及"守秘"等进行定义的条款，是设定权利和义务的基础，必须认真推敲。

转让人向受让人提出的义务，往往与以吸收技术为主要目的的发展中国家的要求不相容，双方需要进行多次调整和妥协才能达成协议。转让人向受让人提出的一般性限制内容就是要求受让人承担的义务。例如，除支付专利转让费外，受让人往往还需要接受一些限制，如关于使用的专有权、使用地域、应用领域、生产场所、生产量、再使用许可权、守密义务、停止使用、产品的改良等。

在专利许可贸易中，对于已经商业化的专利产品，受让的企业可以取得的仅是该产品的专利使用权而已，对于商业化所必需的技术决窍仍须自己开发。专利运营者对此不负任何责任，只是许可实施而已。但在专利转让交易中，专利运营者要保证受让人在使用该项专利后可以达到规定的产品质量要求，就应该承担保证产品指标，发现及鉴定缺陷，对于过失、缺陷以及技术产生的故障进行补救、担保等义务。

（五） 监督实施

受让方需要监督专利运营者所交付专利技术资料的完善程度、技术可行性程度、有无技术指导以及有无改进或许可第三方并收取转让费等情况。专利运营者需要监督受让方的付款情况以及纳税状况等。

第四节　专利融资收益

一、专利融资运营的定义

专利融资运营是指以专利权为资本在金融市场（包括银行、风险投资公司）通过金融手段获得一定的现金流。专利融资包括专利担保、专利信托、专利证券化、专利质押贷款以及专利入股等形式。

二、专利融资的发展现状

在发达国家，专利融资起步比较早，已形成相对成熟的专利融资制度体系。美国的专利融资运营是完全市场化的，日本是偏重于政府金融协助的国家，而韩国则是政府金融协助最彻底的国家。

美国是专利融资理论和实践的发源地，也是专利融资最发达的国家。美国偏重于利用金融市场来提供融资。活跃的风险投资事业及新金融产品的开发是美国金融业支持专利融资的重要手段。美国政府奉行"最小的干预和最大的自由"的政策，因此美国的专利融资运营是完全市场化的，由市场中大量自然形成的、松散的民间金融机构提供融资；美国政府的功能是建立环境，如完善法律环境、建立资源数据库、创造良好的融资环境，本身很少介入市场。虽然美国的专利融资运营机构一般规模不大，较有规模的有国家技术交易中心（NTTC）和区域性技术转移中心（RTTC）；但是美国的技术交易网络结构紧密，整体运营可以发挥市场机制的作用。

在日本，主要是由政府体系内的金融机构、产业扶持发展基金及信托保障协会等为专利融资提供帮助。日本住友银行在1995 年首先推出了专利质押融资的方案。日本经济产业省从2002 年开始对资讯产业和生物领域等企业拥有的专利权进行证券化经营，希望建立可以转化为资金的机制，改变大部分专利处于休眠状态的情况；具体做法是由政府策划成立特定的公司，并将专利交给这些公司运营。日本的专利融资运营体系是半市场化的，由政府投资的银行和金融机构为需要专利质押融资的企业提供质押贷款，民间的金融机构可以介入为专利质押贷款提供担保。

韩国的专利融资运营体系完全由政府主导，政府出资成立各种融资机构，为专利融资提供资金。政府不仅设立国家银行、投资公司、创投基金、技术保证基金等金融机构，为中小企业提供低利率融资、信用保证及技术保证等各种协助；而且还把公营的金融机构与专利评估机构、技术保证基金相连接，实现专利高效融资。1997 年受到亚洲金融危机重创，韩国开始重新思考政策方针，促进技术扩散和技术商业化。在 2000 年通过了《技术转移促进法》，为技术交易、价值评估等提供了法律依据；同时成立了相应的机构，以推动技术商业化。韩国是三个国家中专利融资机制最完善、提供服务最多的国家。韩国在 2000 年成立了技术交易中心，并通过立法指定设置技术交易机构和技术价值评估机构。而其法律规定，技术交易机构、技术价值评估机构、技术转移机构和技术专业人员实行准入制。

三、专利融资运营的核心

无论是何种专利融资运营方式，其核心基础均是专利的价值评估。专利价值在专利融资运作上扮演了重要角色，专利的价值决定了融资的模式以及效益。在知识经济时代，专利与其他无形资产一样具有价值和使用价值，具有商品属性。有专家早在几年前就曾指出，无形资产在企业资产中所占的比例将超过50%。专利这一民事权利，从法学的角度来说，它具有财产属性；从经济学的角度来看，它又具有商品属性。专利的价值体现在其为专利运营者现在或将来创造的价值，具体来说包括两个方面：首先，专利能给运营者带来的利益有哪些，在资本市场上能给运营者创造多少利润；其次，以专利为筹码能在金融市场上产生多少收益。

专利融资运营中存在许多风险及不确定因素，这也是运营者融资成功与否的核心所在。因此，用以规避风险的担保、价值鉴定、融资规则和评估体系也构成专利融资的核心。这些核心要素决定了专利融资运营的业务方向和融资模式。

四、专利融资的分类

专利融资可以分为两种：负债式专利融资和所有者权益式专利融资，如图5－26所示。负债式专利融资是指专利运营者将其所拥有的合法且目前仍有效的专利资产出质，从银行等融资服务机构取得资金，形成负债，并按期偿还资金本息的一种融资模式，如担保。所有者权益式专利融资是指专利运营者凭借其所拥有的合法且目前仍有效的专利，按照保险、质押、信托、证券化等金融手段，从基金、融资服务机构或市场上取得资金收益。

五、专利融资运营的类型

专利融资运营可以分为担保运营、质押运营、信托运营、保险运营和专利证券化运营五种类型。下文将具体对各种类型的专利融资进行详细阐述。

（一）专利担保运营

1. 定义

专利担保是以专利为担保标的，向金融机构贷款，到期不能

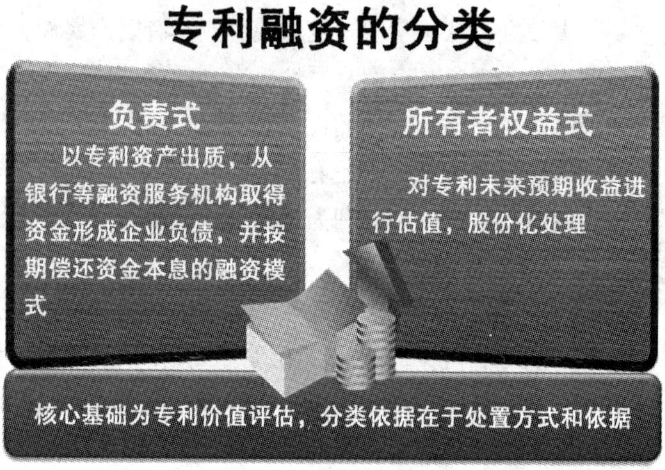

图 5 – 26 专利融资的分类

清偿贷款时，金融机构可以通过处分担保而使其债务优先受偿。金融机构开展的此项业务，相应地催生了专门中介组织，其作为企业与金融机构的桥梁协助此项业务的开展。这样的中介机构就是专利运营者。随着专利市场价值的提升，不少公司资产中专利所占的比重日益增加，因此专利融资担保获得快速的发展。真正开展专利担保融资业务是由日本开发银行在从事创业企业创立和培育的政策性业务过程中开始的。从日本开发银行获得专利担保融资的企业往往拥有较高技术水平，但是缺乏土地、不动产等传统上可以用于抵押的物品。上述拥有高新技术的风险企业在研究开发过程中需要长期资金的投入，但是商业银行在经营上遵循稳健的原则，通常不愿意向没有传统担保品或第三方担保的企业提供长期贷款。由此，与传统担保品相对的专利担保融资运营模式就应运而生。

2. 专利担保融资的具体模式

依法律行为设定担保融资权，为担保融资权产生的常态。债权人在依法律行为取得担保融资权时，必须与专利运营者订立书面的担保融资合同。其内容包括：担保融资设定人、担保权人的姓名、名称及住所；被担保债权的种类、数额；专利的名称、种类、状况等；专利的评估额；专利的占有情况、收益及有关费用的负担；担保融资的期限；担保融资的消灭条件；当事人双方争议的解决条件；双方约定的其他事项。担保运营的具体模式如图5-27所示。

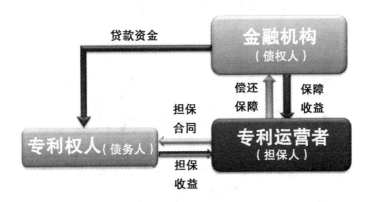

图5-27　担保运营模式

3. 专利担保融资的效力

专利担保融资的效力可以分为对内效力和对外效力，如图5-28所示。对内效力指设定人与担保权人之间的权利义务关系，换言之，指担保融资当事人之间的权利义务关系。当事人之间的关系属于债权债务关系范畴，具有信托行为的性质。即担保债权和专利的权利范围、专利的利用关系、担保融资的实行模式及专利的保管责任等，全部由当事人自由约定。当事人未就这些关系作出约定的，则应受担保目的的约束。就专利运营者（担保权人）而言，其仅得在担保目的范围内取得专利的权利，且权利的行使也不得逾越此项目的范围；就设定人而言，专利由其继续占有，设定人自然应该在符合担保目的的前提下，负保管义务。

违反此项义务而处分专利或使其灭失，或因怠于管理致专利价值减少的，设定人即构成违反担保融资契约，而应负损害赔偿责任；至于损害赔偿额，原则上以担保债权额为限度。担保融资的对外效力，指担保融资对当事人以外的第三人所生的权利义务关系，大致包括清偿期届满前专利的处分与第三人的关系及第三人侵害专利时产生的关系等。

图 5-28　专利担保融资的效力

4. 专利担保融资的实现

专利担保的经济目的在于担保债务的清偿，因此，在担保债务的清偿期届满而债务人未为清偿时，担保权人（专利运营者）可实行其担保融资，以专利换得价值，清偿担保的债务。专利担保融资的实现有两种模式，即处分清算型和归属清算型，由双方自由选择；若无约定，宜采用处分清算型。

其一，处分清算型，又称变价受偿型。依此模式，担保权人将专利予以变卖，从卖得价金中受偿，并将受偿完毕后的差额返还给设定人。

其二，归属清算型，又称估价受偿型。依此模式，担保权人将专利予以公正估价，如果估得的价额超过担保债权额，则超过部分返还给设定人，而专利所有权则确定地归担保权人取得。需要说明的是，担保权人并非自动取得专利所有权，而须对设定人发出行使担保融资权的通知后，才能发生这种效果。此项通知到达之时，往往被作为估价的基准时，担保权人的估价是否公正，依此时的价值予以判断；如不公正，设定人得请求以该基准时为准进行公正的价额清算。当事人采取何种模式，一般皆由双方自由约定。在当事人未有约定或约定不明时，依判例及学者通说，宜采处分清算型。

（二）　专利质押运营

1. 定义

作为一种相对新型的融资模式，区别于传统的以不动产为抵押物向金融机构申请贷款的模式，专利质押融资指专利运营者以合法拥有的专利权经评估后作为质押物，向银行申请融资。具体而言，依据我国《担保法》对动产质押和权利质押的相关规定，专利质押融资将已被国家专利局依法授予专利证书的发明专利、实用新型专利或外观设计专利的财产权作质押，从商业银行取得质押贷款，并按契约或者合同约定的利率和期限还本付息的一种融资模式。专利质押融资在欧美发达国家已十分普遍；在我国则处于起步阶段，特别是专利运营者以中介角色帮助专利权人代为办理质押融资业务更为少见。

专利运营中的专利质押是专利运营者受第三人委托或者将其自身依法拥有和控制的专利中的财产权作为债权担保，来督促债务人履行偿债义务，以保障债权人权利的实现；当债务人不履行债务时，专利运营者可以帮忙偿还债务，然后对该专利进行有效的处置。专利运营中的质押融资是权利质押的一种特殊形式，是旨在保证债务人履行债务、债权人享受权利的一种担保制度。专利运营者参与的专利质押融资与其他质押融资相比，其特殊性在于运营者既可以使债务人获得资金融资，也可以作为中介组织帮助第三人从银行获得资金而收取一定的报酬。当然，无论运营者以何种方式，均是将专利权作为资产而体现其特殊性。

专利质押融资是一项金融创新业务，日本最早探索开办此项业务。在日本，为了培育风险创业企业，解决其融资困难，日本政府积极介入专利质押融资，构建合理的风险分担机制，解决其风险与收益不匹配问题及信息不完全、不对称问题。早在 1995 年 10 月，日本通产省公布的《知识产权担保价值评估方法研究会报告》就指出："知识产权是一种新型的可用来融资的有潜力的资产。"日本开发银行具体承担日本国家政策实施义务，制定了《新规事业育成融资制度》，形成合理的专利质押融资机制，调动与专利质押融资相关的主体的积极性，帮助缺乏传统担保物的日本风险企业获得融资，使得日本风险企业和高新技术企业的长足发展。欧美国家纷纷仿效，加之其本来就有发达的资本市场和产权交易市场，各种专利运营者也大力发展此业务，使得专利质押更是风生水起、如火如荼。

2. 专利质押运营的主要环节

设定专利质押要经过以下三个程序：（1）专利权人委托专利运营者向金融机构代为办理专利质押业务。（2）专利运营者作为出质人与金融机构（质权人）订立书面专利质押合同。质押合同应当包括以下内容：质押双方当事人的名称（姓名）、住所、业务范围、法定代表人等自然状况；被担保的主债权的种类、数额；债务人履行债务的期限；质押的专利名称、证号、权利范围、权利期限、使用状况；质押担保的范围；当事人认为需要约定的其他事项。（3）出质人和质权人就专利质押合同向管理部门办理登记。登记是专利质押合同成立的法定条件，未经管理部门登记的专利质押合同无效。《专利权质押合同登记管理暂行办法》第 5 条规定，全民所有制单位以专利权出质的，须经上级主管部门批准；

中国单位或个人向外国出质专利权的，须经国务院有关主管部门批准。因此，这两种情况下，不仅需要进行出质登记，而且登记之前还必须得到上级主管部门或有关主管部门的批准，否则，质押合同不发生法律效力。具体程序如图5–29所示。

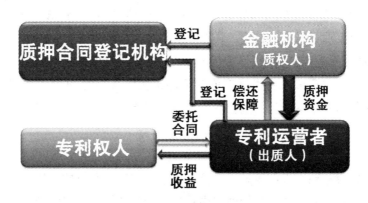

图5–29 专利质押运营的主要流程

3. 专利质押运营的风险

专利权不同于一般财产，其价值不是静态的，而是动态参与市场运用和流转，因此专利权质押融资有特别的障碍和风险因素。在2006年9月召开的全国知识产权质押融资工作研讨会上，各界专家达成一致意见，认为银行开展知识产权质押贷款业务的主要问题是估值问题和法律问题，要有健全和完善的法律体系和管理机制。专利质押贷款融资的风险主要来自以下几个方面：

（1）专利权的质押价值评估难。专利权的质押价值是对专利权创造未来收益能力的预期，其影响因素的复杂性使得这个预期过程扑朔迷离。决定专利权质押价值的主要因素有：① 法律因素，主要包括专利权的类型、保护范围、法律状态、转化及实施状况等；② 技术因素，主要包括专利技术的成熟度、创造性、可替代性、时间贬损性等；③ 经济因素，主要包括成本因素、市场因素、财务风险、管理风险、人员流动风险等。

因此，仅任何一个主体单方面都难以对专利权的质押价值作出准确和综合的判断。专业的资产评估机构也许熟悉法律和经济风险，却难以应对具有高度技术性的技术风险。在我国，技术风险可以通过知识产权局进行筛选。例如，北京市知识产权局出台的《关于促进专利权质押和专利项目贷款的暂行办法》规定，北京企业可以向北京市知识产权局申报其专利质押贷款项目，该局将对该专利项目进行综合评价，并推荐给担保机构。对于合格项目，北京市商业银行将依据担保机构签署的专利权质押担保函，以及该本银行与企业签署的专利权质押贷款协议，向企业发放一定数额的专利质押贷款。

（2）专利权纠纷风险。在签订质押合同之前，必须确保以下内容：被质押的专利权具有无可争议的法律有效性，如该专利权质押期间在法律保护期限内；当前未涉及任何侵权纠纷；质押的不是专利申请权；出质人应为全体专利权人；质押过程权利不转移；不重复质押，除非另有约定；质押约定主债权及利息、专利年费支付、处理纠纷的费用及其他保管费。另外，质权人应妥善保管专利证书及其他证明文件，在债务清偿时返还。

（3）质权人的资本运作风险。目前专利权质押贷款业务主要由金融机构操作。由于专利权质押价值评估难、担保物权登记不完善、现金流控制重点不一致等原因，银行对该业务的态度慎之又慎。而化解金融风险不仅要完善银行金融机制，还需要政府和其他服务机构的支持。发达国家的专利质押贷款业务要求专业贷款机构、风险投资者或投资商以取得股权的形式参与进来；商业银行只有在具备实施全面风险控制的能力、完全明确知识产权的法律效力之后，才会涉足。

（三） 专利信托运营

1. 定义

所谓专利信托，也称专利权信托，是指委托人基于对受托人的信任，将其专利及相应的衍生权利转移给受托人，由受托人以自己的名义，为受益人（委托人或第三人）的利益而经营管理、运用或处分该专利的一种法律关系。推而广之，专利信托运营就是专利权人以出让部分投资收益为代价，在一定期限内将专利委托给专利运营者进行经营管理，专利运营者对受托专利的技术特征和市场价值进行挖掘和包装，并向社会投资人转让受托专利的风险投资收益期权或吸纳风险投资基金的一种财产管理模式。

2. 发展过程

信托是英国衡平法的产物，其后逐渐流行于包括美国在内的英美法系国家。英美法系的信托制度主要有以下三个基本特征：第一，权利和利益相分离。在英美法中，信托一旦设立，委托人转移给受托人的财产就成为信托财产，受托人对信托财产享有"法律上的所有权"，受益人则享有"衡平法上的所有权"。受托人必须为受益人的利益管理和处分信托财产，并将所产生的收益交给受益人。第二，信托财产具有独立性。信托设立后，信托财产即从委托人的自有财产中分离出来，成为独立运作的财产，仅服从于信托目的。财产一旦设立信托即自行封闭，与外界隔绝。第三，受益人的权益有可靠保障。在信托关系中，一方面，伴随信托财产所生的管理责任与风险负担皆归属于受托人；另一方面，伴随信托财产所生的利益则归属于受益人，受益人处于只享有利益而免去责任的优越地位。

在金融体制发达的国家，信托仍然是一项新的金融业务，正在逐渐成为重要的财产转移和管理制度。在经济生活中，专利是一种能够产生收益的资本，是可以成为信托财产的。专利作为资本进入金融市场后，便衍生出专利信托这样的新兴事物。在美国、日本以及欧洲的一些国家，专利信托已广泛运用于短期大量资金的筹措。

英美法系中，专利信托不需要登记公示，只需要签订信托合同，且由于有发达的风险投资制度和极高的专利权意识，所以专利权信托实施起来比较容易。在专利证券化产生和兴起之后，信托制度有了新的用武之地。在专利证券化中不可或缺的角色——SPV（special purpose vehicle），基本上都采取信托的形式。信托型 SPV 之所以受到青睐，其原因在于：首先，信托的设立和经营规则简单。根据美国法律规定，普通法上的信托，除了表明信托设立的宣告之外，并没有特定的法律手续要求。其次，在美国税务实践中，采用信托形式可以达到免税或减税的目的，可以为当事人谋求更多的税收优惠。最后，更为重要的是，信托财产与发起人的其他财产相剥离，不受发起人其他财产经营状况的影响，从而达到了风险隔离的效果。在美国，信托型 SPV 大多为专门性、一次性的 SPV，即专门为某一专利证券的发行而设立。但近年来也开始出现常设的 SPV。相比之下，前者设立成本较高，主要满足大规模融资的需要。后者即是现在专利运营者常涉及的业务，并不专门针对某一发起人提供服务，而是面向数量众多的发起人，这为众多中小型高科技企业的融资提供了空间。

而在亚洲，日本是一个积极探索专利信托的国家。日本最初颁布的《信托法》没有包括专利信托，但自从日本《知识产权战略大纲》和《知识产权基本法》实施后，日本为了促进专利创造和使用，开始为专利权信托寻找法律支持。2004 年 3 月，日本内阁府金融局向日本国会提交《信托业法》修改法案，建议允许非金融机构通过信托集体管理知识产权；2004 年 6 月获得通过。此后，日本联合金融控股集团信托银行与东京都大田区产业振兴协会合作，联合精通知识产权事务的东京 TMI 综合法律事务所，开展中小企业专利应用代理业务，接受其专利管理委托，并承担与大企业之间的专利技术使用许可谈判、侵权谈判等业务。TMI 综合法律事务所就是一个典型的专利运营者。

3. 专利信托运营具体模式

专利信托过程有三个主要环节：受托、经营和收益。受托环节的职责是筛选专利项目和签订信托合同，经营环节则是保障受益人权益、获取经营利润。专利信托的最终收益有两个来源：专利受让方和风险投资者。前者是直接的货币交易；后者一般是专利权人和风险投资者共同设立一家创业企业，或在原有企业内部设立一个新项目，实施对该技术专利的转化。专利信托的运作环节如图5－30所示。

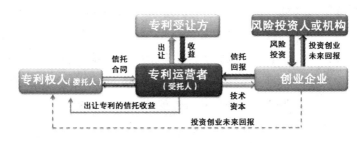

图5－30　专利信托流程

（四）　专利保险运营

随着知识经济的发展，专利纠纷和诉讼也呈现出爆炸性的发展趋势，对于侵权和诉讼的风险防范也成为企业发展的重要环节。越来越多的企业将专利风险管理工作全面贯穿到企业技术开发、经营管理和防止侵权与诉讼的活动中，并形成制度。而专利保险则是这些企业部署专利风险管理的战略之一。在权利人所享有的专利受到他人侵害的时候，可以选择专利执行保险的保护；在权利人行使专利权的过程中被他人起诉时，可以选择专利侵权保险的保护。这样一来，无论是潜在的受害人还是潜在的侵权人，都可以寻求专利保险的保护。此外，"专利海盗"的出现也促进了专利保险市场的发展。"专利海盗"是指那些收购专利然后向侵权企业索取高额赔偿的公司，很多国际巨头企业常常沦为

"专利海盗"的攻击对象。

1. 专利保险的概念

专利保险是指以专利的财产权和专利侵权赔偿责任为标的的保险，主要解决由于专利的侵权行为而造成的民事责任赔偿和财产损失问题。专利保险按照性质可分为两大类：专利侵权保险和专利执行保险（又称专利财产保险）。

在专利保险制度方面，美国和英国的经验值得借鉴。在专利侵权保险方面，1973 年美国保险服务所的 CGL 保单将专利侵权责任保险首次纳入普通商业责任保险的承保范围。该保单规定：凡是由诽谤、诋毁、损誉、侵犯隐私权、侵犯专利权、侵犯版权而造成的损害，保险公司都要承担相应的保险责任。1994 年，美国国际集团通过其在匹兹堡的分支机构——国家联合火灾保险公司推出了首张综合性的专利侵权保险单，随后多家保险公司也推出了这种类型的保单。各家保险公司的保单承保的知识产权种类不尽相同，基本上以专利权为中心，有的承保范围仅限于专利权侵害，有的则包含商标权、著作权与商业秘密等知识产权的侵害。原则上，专利侵权保单对于因为使用、传播、销售被保险人的产品所产生的侵权诉讼费用和损害皆可理赔，具体包括：（1）被保险人应诉专利侵权指控的诉讼费用（应诉费）；（2）被保险人在应诉中指称原告专利无效而提起反诉的费用（反诉费）；（3）被保险人启动再审程序作为应诉的答辩费用（再审答辩费）；（4）原告对被保险人提出的损害赔偿。但许多保险公司将故意侵权以及不正当获取商业秘密的行为排除在理赔范围之外。

时至今日，专利诉讼已经成为业界竞争的常态，而大多数中小企业限于财力和精力，无法应付复杂的诉讼程序和巨额的诉讼费用，从而无力起诉那些侵犯其知识产权的实力雄厚的跨国公司，专利执行保险因此应运而生。英国劳埃德海上保险协会开创性地推出了专利执行保险单。劳埃德海上保险协会推出该种保单的目的在于为中小企业提供进行专利侵权诉讼所必需的经济资源。劳埃德海上保险协会规定，知识产权执行保险的标的可以是多种不同的知识产权，也可以单保专利一项。其理赔范围包括：（1）被保险人对侵权人提出指控的诉讼费用；（2）被保险人抗辩侵权人指称其某项专利无效而提起反诉的费用；（3）被保险人对抗侵权人试图使其专利无效而在专利商标局提起该项专利再审的费用。

2. 专利保险运营

相应地，以专利保险为主要业务的专利运营公司也应时而生，比较具有代表性的是美国的 RPX 公司。该公司成立于 2008 年，该公司创始人表示，他们的存在就是为了应对恶意发起专利诉讼的公司及其带来的专利辩护以及诉讼的高成本和高风险。RPX 公司的主要业务是收购那些有可能给企业带来麻烦的关键专利，或者说是预防专利，把这些专利纳入其保护性专利收集计划（defensive patent aggregation）。RPX 公司收集到的专利会全部授权给其成员，并向成员收取年度使用费。现在，RPX 公司有 49 位成员，很多都是国际知名公司，如 Acer、戴尔、HTC、IBM、英特尔、微软、LG、诺基亚、Palm、松下、三星、夏普、索尼和 TiVo 等，它们当中不乏曾屡次遭遇"专利海盗"骚扰的大型企业。目前 RPX 公司持有 3000 余项专利，涉及的领域有移动终端、REIF 技术、电子商务、数字投影和显示技术、半导体、互联网搜索等。RPX 公司的会员年度会费从 4 万美元到 520 万美元不等。RPX 规定会员可以享有以下权利：与 RPX 达成不起诉合约、短期许可合同以及预防专利库等。

微软于 2010 年 1 月 28 日与 RPX 签订了一项专利保险。此保险不同于普通家庭的汽车或者房屋保险，而是由反专利运营者 RPX 公司提供的一项新服务。微软不仅面临政府的反垄断审查；

而且从 2005 年至今遭到 49 次专利侵权起诉，这些诉讼来自一些从个人发明者和破产公司手中购买专利的小公司。微软每年在专利诉讼上的花费达数十亿美元，故微软对高昂的专利诉讼费感到苦恼是可以理解的。微软称这些公司为"专利海盗"，并表示此类诉讼是高科技行业的一个痼疾。

IP 电话系统销售商 ShoreTel 公司是 RPX 公司的会员之一，其加入 RPX 公司会员的目的就是减少高昂而又难以预计的诉讼费。其副总裁兼首席律师艾瓦·汉恩（Ava Hahn）表示："公司每个季度向'专利海盗'支付的费用，几乎可以决定这个季度是盈利还是亏损。我们把加入 RPX 公司会员看做一项保险。"

在发起诉讼的公司专注于搜集那些可能被侵权的专利的同时，RPX 公司也在做同样的事情，但是两者的目的显然是有一定程度的区别的。前者是为了收取许可费，甚至恶意提起诉讼，它们的存在增加了企业的风险以及成本；而后者是为了预防，避免企业面临高额诉讼费以及专利使用费。

3. 专利诉讼免除保证

国际顶级专利拍卖机构托默公司在其 2011 年春季拍卖会上以 3850 万美元的创纪录价格（包括买家溢价）卖出 Round Rock Research LLC 提供的诉讼免除保证（Covenant Not to Sue）。与传统意义上的拍卖品不同的是，该卖品并非专利或专利组合，而是赋予购买者的不对其侵犯保证中所涉专利的行为进行诉讼的保证。业内人士认为，此类形式的专利使用许可彻底改变了企业管理在知识产权维权方面不可预知的市场风险的方式，或许表明知识产权领域许可使用和诉讼新时代的到来。

诉讼免除保证与专利许可的功能大致相同，是由专利持有者起草，承诺对购买方使用免除保证中所涉专利的行为不进行起诉，允许购买者自由使用专利的保证协议。尽管其不等同于许可协议，但与许可协议具有同等的法律效力。上述诉讼免除保证由约4200件专利和未授权专利申请组成，涉及半导体、电池、显示技术、闪存、存储器、微处理器以及电信等多领域技术。该诉讼免除保证所涉的专利组合最初由美国美光科技公司构建，经过不断的扩展，目前专利有效区域已覆盖美国以及大部分欧洲和亚洲地区，专利组合的许可方包括苹果、索尼、三星、美光科技和诺基亚等多家企业。

通常情况下，专利持有人往往通过出售专利权、专利权许可和损害赔偿诉讼三种方式获取专利收益。对于多数专利持有者尤其是大型企业而言，因考虑到侵权方反诉、法院不利判决和名誉损害等风险，以及损害赔偿数额较低或无法获得损害赔偿等因素，非迫不得已不愿对其专利进行维权，既使在专利已受到侵权的情况下亦是如此。因此，若持有专利的企业期望继续持有专利权，又不愿投入更多的精力进行专利权许可，那么诉讼免除保证则不失为一种全新的选择。其向专利权人提供了一种以低法律成本、低管理支出和高效率运作的方式，对其专利潜在收益进行强力吸纳的机制。专利持有人可因此无须确定侵权人或借助法律程序就可获取专利收益。

诉讼免除保证可向专利持有人提供有针对性的许可。尽管专利持有人与最终的购买方并不进行面对面的磋商，但专利持有人可通过设定条件使其专利流向特定的潜在购买群体，从而加强对其专利的管理，以便从每份保证中获取最大利益。例如，专利持有人可就其同一组专利草拟三份诉讼免除保证：第一份保证明确将拥有25名以下全日制职工的小型企业作为获取诉讼免除保证的先决条件；第二份保证内容同前，但面向的是拥有26~200名全日制员工的企业；第三份保证则面向员工多于200人的大型企业。当然，三份保证的价格会随着所涉专利对购买方产生的潜在价值和收益而逐级提升。此外，诉讼免除保证亦可以将企业年收入水平、网站访问量以及购买方所从事行业等作为先决条件。出于对利益等因素的考虑，此次 Round Rock Research LLC 出售的诉讼免除保证就明确将半导体制造商排除在购买方之列。此外，专利持有人亦可对诉讼免除保证不设置任何先决条件，让所有买方公平竞购，以获取最高竞价。这种灵活性可促使专利持有人更好地规划其收益策略。

另外，诉讼免除保证能够向专利持有人提供许可行为的确定性。传统的许可行为通常需要当事人双方进行协商甚至长时间的磋商，随着时间的拖延和费用的不断增加，往往会产生很多不可预测的情况。诉讼免除保证则通过降低专利许可风险和有针对性的许可，给予了专利持有人无须经历运作效率低下的维权程序和各种不确定因素，便使自己所拥有的专利转为收益的确定性。

对购买方而言，诉讼免除保证为其带来的益处之一是其身份不会暴露。由于拍卖的保证协议由专利持有人事先撰写，后经中立的第三方卖出，购买方无须同签署许可协议一样公开身份。此举使得购买方在不用担心因过早摊牌而影响其获得所需专利使用权的情形下，对协议内容进行斟酌并提出相关问题。此外，诉讼免除保证可以让购买者在短时间内获得所需专利使用权，避免了与专利持有方进行耗时费钱的磋商。同时，诉讼免除保证可确保购买方交易的有效性和最终性，即一旦购买方满足诉讼免除保证规定的各项先决条件，协议内容就不再发生变化；换言之，即使专利持有人发生更动，亦不会对购买方继续使用保证中所涉专利造成影响。

业内人士称，诉讼免除保证可作为企业面对正在发生的或潜在的专利侵权诉讼的风险管理工具。企业获得诉讼免除保证相当于购买了这些专利，可拥有自由使用权，从而消除了在许可磋商和专利诉讼过程中的各种不确定因素。因此，随着知识产权保护内容愈加复杂，诉讼免除保证正在成为知识产权组合的重要组成形式。

从专利保险的产生和发展来看，其与企业控制经营风险的需求息息相关。对于我国的企业来说，知识产权的争夺日益激烈：国内的市场规则也在逐步规范化，通过法律途径来解决知识产权纠纷，逐渐成为企业的首选；而在适应国际规则"走出去"的同时，遭遇侵权和诉讼的风险也在不断攀升。我国各界应当吸收国际经验，充分做好准备，创设专利保险制度，为企业保驾护航。

（五） 专利证券化运营

专利证券化是指发起人在对基础资产中风险与收益要素进行分离与重组后，通过一定的结构安排将专利出售给一个特设机构，并由该机构以专利的未来现金收益为支撑发行证券融资的过程。专利证券化是资产证券化在专利领域的延伸，也是一种金融创新。2000 年 6 月，美国的 Royalty Pharma 公司以 1 亿美元收购了耶鲁大学的药品专利，通过设立专利信托机构进行证券化处理，发行债券融资 1115 亿美元，成为国外专利证券化最为成功的案例。

1. 定义

所谓专利证券化，是指发起人以专利未来可能产生的现金流量（包括预期的专利许可费和已签署许可合同中保证支付的使用费）作为基础资产和有效支撑，通过一定的融资结构安排对风险与收益要素进行分割与重新组合，转移给一个特设载体，由后者据此发行专利支持证券进行融资的过程。它发行的支持证券通常为债券，是一种长期性融资工具，大多具有 3 年以上的偿付期限。换言之，首先由专利证券化发起机构（通常为创新型企业）将其拥有的专利或其衍生债权（如预期的专利许可使用费和已签署的许可合同中保证支付的使用费），移转到特设载体，再由此特设载体以该资产做担保，经过重新包装、信用评级以及信用增强后发行在市场上可流通的证券，以此为发起机构进行融资的金融操作，如图 5 - 31 所示。专利证券化是近年来兴起于发达国家的一种新型的资产证券化类别，也是专利融资的新型模式，其交易结构与传统资产证券化类似。

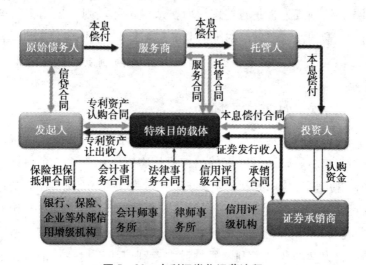

图 5 - 31 专利证券化运营流程

2. 专利证券化的融资交易环节

从整体上看，专利证券化包括的多个具体交易环节，如图 5 - 32所示。

（1）选择拟证券化的专利。发起人确定专利证券化目标，选择能够产生预期现金流的优质技术专利资产作为证券化的基础资产，排除权属不明、权利受严重限制和侵害、不具有盈利能力和较强变现能力的技术专利资产。根据证券化的具体目标选择适合的专利，将这些专利资产从资产负债表中剥离出来，形成一个专利资产组合，作为专利证券化的基础资产，这也是专利证券化的核心原理。例如，在 2000 年 Royalty Pharma 公司专利证券化案中，拟证券化的专利资产是极具市场潜力的抗艾滋病新药Zerit。实际上，支持专利的有价证券通常会在专利执行和证券投资回报之间建立一个更加直接的联系。很容易设想，一旦基于专

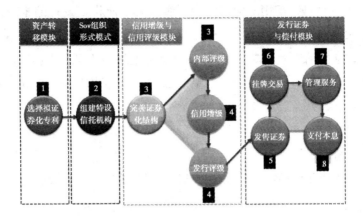

图5-32 专利证券化交易环节

利组合的证券交易开始，人们会对表现出异常潜力的专利进行投资，如高通公司的股份实质上已经这样发挥作用了。

（2）组建特设信托机构。发起人选定拟证券化的专利资产后，就要选择或设立一家特殊目的信托机构作为载体（SPV）。SPV有信托（trust）和公司（company）两种。以信托形式设立的SPV称为特殊目的信托（SPT），以公司形式设立的SPV称为特殊目的公司（SPC）。"开元"和"建元"资产支持证券选择的是SPT。2000年，Royalty Pharma专门成立了一家SPT——Bio-Pharma Royalty，对Zerit的专利许可收益权进行证券化处理；2003年其选择的还是一家SPT——Royalty Pharma金融信托。SPV成立后，与发起人签订买卖合同，发起人将资产池中的资产真实转让给SPV，使该部分资产与原始权益人的其他资产相分离。

（3）完善证券化结构，进行内部评级。SPV确定后，必须首先完善资产证券化结构，与相关的参与者签订一系列法律文件，明确证券化过程中各相关当事人的权利义务。还要聘请信用评级机构对资产组合的信用风险及资产证券化结构进行评估，以决定是否需要进行信用增级以及增级的幅度。

（4）进行信用增级，发行评级。为了使将要发行的证券能最大限度地吸引投资者，SPV 需要提高专利支持证券的信用等级，这种信用增级既可以由发起人进行也可以由第三人进行。在按评级机构的要求进行信用增级之后，评级机构将进行正式的发行评级，并向投资者公布最终的评级结果。

（5）发售证券，支付购买价款。信用评级完成并公布结果后，将经过信用评级的证券交给证券承销商去承销，可以采取公开发售或私募的模式来进行。从证券承销商那里获得发行现金收入，然后按事先约定的价格向发起人支付购买证券化资产的价款。2000 年 Royalty Pharma 案的发起人为耶鲁大学，证券发行人为 BioPharma Royalty，而 Royalty Pharma 和 Major US University 则分别为承销商和分销商；2003 年则由 Royalty Pharma 金融信托发行，瑞士信贷第一波士顿公司承销。

（6）证券挂牌上市交易。证券发行完毕后，到证券交易所申请挂牌上市。

（7）资产售后管理和服务。发起人要指定一个资产池管理公司作为服务人或亲自对资产池进行管理，负责收取、记录由资产池产生的现金收入，并将这些收入全部存入托管银行的收款专户。并由托管银行按约定建立积累金，交给 SPV，由其对积累金进行资产管理，以便到期时对投资者还本付息。

（8）向投资者支付本息。发行证券筹集的资金支付给发起人作为转移资产的对价，资产收益支付证券的本息。按照证券发行说明书的约定，由委托银行按时、足额地向投资者偿付本息。如果资产池所产生的收入在还本付息、支付各项服务费之后还有剩余，那么这些剩余收入将按协议规定在发起人和 SPV 之间进行分配。资产证券化交易的全部过程也随即结束。

专利证券化是一种以专利预期收益为导向的融资模式，可以使整体资信水平不高却拥有优质专利的专利人筹集到所需要的资金，从而拓宽了融资渠道。专利证券化是资产证券化发展浪潮中涌现出的新鲜事物，是交易结构和法律关系相当复杂、参与主体众多的一种金融衍生品，是一项创新性、系统化和结构化金融安排，涉及融资企业、各种类型的金融机构、评估机构和担保机构等众多市场主体，交易环节众多且环环相扣、联系紧密，委托代理链条冗长，蕴含的风险较大。我国真正意义上的专利证券化案例还没有，在可以预见的将来也难以实施专利证券化。

总体来说，专利证券化运作模式的八个交易环节可以归纳为四大结构模块（见图5－33）：资产转移模块、SPV 的组织形式模块、信用增级和信用评级模块以及发行证券和偿付模块。其中，资产转移模块、SPV 的组织形式模块、信用增级和信用评级模块是集中体现专利证券化运作风险、运作原理、制度完善与否的三个关键构件，也是法律纠纷的高发地。

第五节　专利诉讼收益

一、专利诉讼运营概况

专利诉讼在本义上体现了对专利权的司法保护，是维护专利权市场竞争优势和保持专利技术市场份额或市场利润的重要手段。一旦被用来作为专利权运营的模式和策略，专利诉讼往往偏离了专利权司法保护的宗旨。此时，启动专利诉讼并不是为了把官司打到底，甚至也不是某一专利的单打独斗，而是以运营的专利池中的若干专利为后盾，以诉讼威胁达到其商业目的，获取相关的专利技术许可使用费和巨额赔偿金。

（一）　发展现状

近年来，以专利诉讼为盈利方式的公司在国际市场上空前活跃。到目前为止，专利运营者在美国已经参与超过 3100 件诉讼

案，人们熟知的国际公司都成了"待宰的大肥羊"，屡屡遭到专
利诉讼的侵扰。美国的专利诉讼赔偿额比世界上其他国家高得
多，这也是专利运营者在美国活动频繁的主要原因之一。美国
Patent Freedom 公司曾公布了一项关于专利运营的调查报告，该
报告对自营公司与专利运营者的专利诉讼案进行了统计，如表
5-32 所示。

表 5-32　自营公司与 NPE 专利诉讼案数量统计排位

NO.	Company name	2004	2005	2006	2007	2008	2009	Total
1	Apple	4	3	3	12	13	21	56
2	Sony	4	7	5	10	12	17	56
3	Dell	4	3	8	10	8	17	50
4	Microsoft	3	5	6	12	13	10	49
5	HP	6	3	5	10	11	13	48
6	Samsung	5	4	8	14	11	6	48
7	Motorola	1	6	4	12	14	9	46
8	AT&T	2	2	6	17	10	7	44
9	Nokia	2	7	6	10	9	11	42
10	Panasonic	6	8	4	6	5	11	40
11	LG	–	7	3	12	9	6	39
12	Verizon	3	3	3	14	7	7	37
13	Toshiba	5	5	4	9	5	8	36
14	Sprint Nextel	2	3	3	11	8	7	34
15	Google	3	1	3	10	7	9	33
16	Time Telekom	2	6	6	9	5	3	31
16	Acer	2	3	4	7	8	7	31
18	Deutsche Telekom	–	5	2	1	5	5	29
19	Kyocera	3	6	3	5	5	6	28
19	Palm	1	3	3	5	10	6	28
20	Cisco	0	3	0	13	6	5	27
21	Fujitsu	3	1	3	3	7	8	25
21	IBM	4	1	3	6	2	9	25
22	Intel	1	9	2	1	7	4	24
22	RIM	–	3	2	3	11	2	24
22	HTC	–	–	3	5	10	5	24

（资料来源：Patent Freedom，2010 年 1 月 1 日）

美国已有的 640 家非专利实施（NPE）公司包含 1500 余家子公司，拥有超过 3 万件专利和 4 万件专利申请。这些公司已经提起 6700 件专利诉讼，涉及 23100 家公司，诉讼的影响领域覆盖各产品、服务和行业。仅 2011 年一年，专利运营者在美国提起的诉讼造成的直接损失就高达 290 亿美元。❶ 美国 Digitude 公司成立于 2010 年，从艾提杜公司筹集了 5000 万美元开始业务，其主要业务是整合专利并通过专利诉讼来获取收益。2011 年 12 月，Digitude 公司针对 RIM、HTC、LG、摩托罗拉、三星、索尼、亚马逊和诺基亚等智能手机与个人电子产品厂商在美国国家贸易委员会发起专利侵权诉讼，其中涉及两项美国专利 US6208879（Mobile information terminal equipment and portable electronic apparatus）、US6456841（Mobile communication apparatus notifying user of peproduction waiting information effectively）。而值得注意的是，这两项专利是由苹果公司在 2011 年转让给一家名为 Cliff Island LLC 的空壳公司的 10 余项专利中随后再次转移给 Digitude 公司的两项。人们对此看法不一。有人认为，苹果可能是受到了 Digitude 公司的威胁而被迫将专利转让给了 Digitude 公司。但是，另一种看法是，苹果公司是有意为之，通过将专利转让给另一家公司（尤其是一个"专利海盗"），其一方面仍然保留自由使用专利技术的权利，另一方面还可以通过受让公司之后发起的赔偿诉讼获利，同时还可以避免被外界斥以"爱诉"的名誉。❷ 实际上，Robert Kramer 声称，Digitude 公司是一种新的专利投资工具，它尝试与一些战略性伙伴合作，这些合作伙伴投入 Digitude 公司的并非金钱而是专利，它们可以享有 Digitude 公司的专利的许可授权。

---

❶ http://en.wikipedia.org/wiki/patemt_troll.

❷ http://techcrunch.com/2011/12/09/apple-made-a-deal-with-the-devil-no-worse-a-patent-troll.

　　Acacia 技术公司由某风险投资公司的合伙人创建，通过获取风险投资基金，该公司快速扩张，在 150 多个技术领域创建了专利池，发起数百起维权诉讼。但是，它也遭遇了不少失败。例如，它曾起诉微软公司侵犯其计算机加速软件技术专利，要求微软公司就每个 Windows 软件支付 2.5 美元的专利侵权赔偿金，合计索赔 6 亿 ~ 9 亿美元。该案中，相关专利被法院宣告无效。又如，它还曾起诉 Red Hat 与 Novell Linux 操作系统侵犯 Xerox PARC 研究中心申请的 3 项图形处理软件技术专利。该案在开源软件行业引起巨大震动。2010 年 5 月初，法院宣告相关专利无效。但是 Acacia 技术公司"坚忍卓绝"的专利维权活动最终产生了巨大的收益。例如，某民航飞行员发明了一项防范信用卡交易欺诈的技术，并申请了专利，该专利在 1987 年授权，但长期以来没有产生收益。2004 年，阿凯夏公司收购该专利，并依据该专利对 80 多家企业开征专利使用费。目前，阿凯夏公司的专利付费使用人包括微软、AMD、松下、诺基亚、飞利浦、佳能、先锋、戴尔、三星、3M、埃克森、三洋、富士通、西门子、GE、索尼、日立、东芝、英特尔、迪斯尼等著名企业。

　　第一技术公司是一家专利运营公司，其于 2005 ~ 2011 年在美国联邦地区法院提起了 9 个专利诉讼，获得了大量专利许可费；2012 年 11 月一个月内，它又提起了 7 个专利诉讼。例如，2012 年 11 月 9 日，第一技术公司起诉 Hulu 侵犯其 US5745379、US5845088、US5564001 号专利。Hulu 的股东包括 NBC 环球、福斯娱乐集团、迪士尼 ABC 电视集团、美国私募资本公司 PEP，其主要业务是影视节目的在线观看。2012 年 11 月 13 日、15 日，第一技术公司依据上述 3 项专利起诉 Facebook 公司、Riot 游戏公司（已被腾讯收购）。此外，它还起诉了潘多拉、野蛮切线等公司。

　　我国企业不仅在国外屡屡受到专利运营者的恶意诉讼，同时在国内也时见其踪影。中国企业仅从被告的角度，是很难想象到其所遭遇侵扰的背后阴谋的，如果其得知自己在进行产品研发甚至是公司刚成立的时候已经被以诉讼为主业的专利运营公司作为潜在的对象所关注，不知其会有何感想？专利权已被一些公司演变为法律敲诈工具，一些专利运营者也将发起侵权诉讼作为其达到自身目的最为有效的手段。除了此类诉讼具备一般专利侵权诉讼的特点外，还由于法律界或实务界难以提供类似诉讼的知识或经验，致使被诉企业无从系统了解其发起诉讼的全貌，进而很难全盘掌控相应的诉讼事件，更无法在可控制的条件下作出和执行有效的商业应对决策。目前，专利运营公司在我国的业务发展大有泛滥之势。我国多数企业不了解国内外的专利法律规则以及专利运营公司的经营环节与诉讼特点，缺乏应对此类纠纷的经验，如果不加以防范，势必会对其经营活动带来很大的负面影响。如何了解专利运营公司发起专利诉讼的特点以及规则，更好地运用法律规则以及进攻和防御的专利侵权诉讼策略保护自己的合法权益，已经成为国内企业面临的一个日益紧迫的问题。

（二）　专利诉讼运营的特点

专利运营公司手中往往握有若干件专利，满世界找公司"谈"许可，一旦无法达到目的就把对方推上被告席。对于这类公司，许可是假，停止侵权也是假，索要一笔"和解费"或者获得法院判决的赔偿金才是其真实目的。近年来，专利运营公司的诉讼愈加频繁，诉讼领域大多涉及半导体、软件应用、通讯设备、系统基础软件、影像处理和相关服务。人们熟知的跨国公司是专利运营公司的首选目标，约占总体案件的75%。其中，苹果公司以56起案件排名第一位，其后依次是索尼、戴尔、微软、惠普、三星、摩托罗拉、AT&T、诺基亚、松下、LG等，分别涉案24～55起不等。专利运营公司发起诉讼的立案率很高，自2003年以来，75%的案件都能成功立案。这些诉讼绝非个案行为，如果只是将专利运营公司发起的专利诉讼当做个案来处理，将永远难以理解其经营环节以及诉讼的特点，也只能停留在面对永无止境的诉讼威胁、权利金的追索，以及在市场正值发展或企业正值上市之际就被侵权诉讼狠狠打压的层面上。对专利运营公司的发展历史、经营环节、案件进行分析可知，这些专利诉讼都是富含规划性、规模性、跨国性、组织性、继续性、资源性的商业行为，绝非只是个案诉讼，如图 5-33 所示。以下从不同的角度对该类诉讼的特点进行阐述。

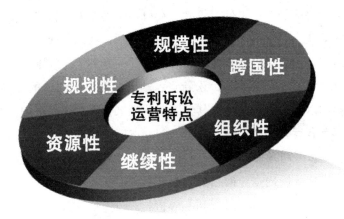

图 5-33　专利诉讼运营的特点

1. 规划性

专利运营公司发动的专利诉讼，已从零星个案发展为有计划有预谋的规模性商业活动。90% 以上的此类公司在收购或受托代管相关专利均会有详细的诉讼方案，甚至是当年就已经规划好下一年度所要发动的所有诉讼。诉讼规划一般有涉诉专利的分析、被诉对象的选择、诉讼情景模拟以及诉讼包装等。专利运营公司发起诉讼的目的并不是一定要与目标公司对簿公堂；而是出于商业目的，不外乎是为了增加自己或客户的订单，让目标公司按照自己的要求支付许可金额，或者提高损害赔偿的收益，甚至是为了让目标公司在应诉上疲于奔命或者扰乱对方的市场布局等。所以，其在诉讼规划的制定上就具有相当的灵活性。

2. 规模性

专利运营公司发起诉讼的另一个特点是规模性。专利运营公司不仅可能拿出大量专利，而且为了增加诉讼的影响力及压力，亦可能同时在各国提起诉讼，对象则从目标公司扩及其下游客户，攻击面既深又广。

要经营规模性的专利诉讼，背后须有充分的资金、人才等相关资源。但即使是砸下大成本，也并不能确保专利运营公司达到发动诉讼的目的。当诉讼金额达到一定的规模时，对专利运营公司也是相当的负担，这也是许多专利运营公司需要引进大量风险资金以及组建基金的原因之一。美国阿凯夏科技集团（Acacia Technologies Group）业务开发执行副总裁 Mr. Dooyong Lee 表示，他们拥有诉讼所需的雄厚资金，曾根据不同情况选择不同的诉讼渠道，同时对超过 110 家企业提起 35 起专利诉讼。

3. 组织性

专利运营公司一般具有熟悉多国专利诉讼制度、诉讼技能、诉讼管理的专业人员，这些人员都会致力于将诉讼管理与组织经营联系在一起，通过融入组织文化，全面改善诉讼的处理模式，并由此发展出一套组织内部的标准流程。特别是专利运营公司主要是以专利作为商业竞争上的策略工具，就必须在诉讼处理上达到相当程度的组织性。

4. 跨国性

专利诉讼常常涉及不同国家的企业诉讼地、市场与生产等跨国性元素，而专利运营公司在统筹布局下，必定选择对自己最为有利或对目标公司影响最大的地方作为诉讼发起地。另外，专利侵权诉讼的跨国性，并非意味着专利运营公司要在全世界各个角落进行专利布局与诉讼；它们一般会衡量产业定位以及市场所在地，从产业链及供应链上破除国际区域限制，这才是其诉讼技能的关键。

5. 继续性

在诉讼期间，专利运营公司与目标公司在法律以及管理方面的表现，影响着客户信任及企业在诉讼管理能力方面的形象。如果一家目标公司虽然经营业绩良好，但在诉讼中却显示出诉讼管理能力薄弱的一面，则可能导致其他专利运营公司群起而攻之，为该目标公司带来更多不必要的诉讼纠纷。反之，如果该企业能借由诉讼彰显自己在专利诉讼上的强悍能耐，专利运营公司就会知道该企业是惹不起的。我国企业在美国遭遇337起诉时就体现出此特征。

6. 资源性

专利运营公司发起诉讼，一般是整合各方资源打有备之战，这些资源包括资金、组织、人才、关系等。诉讼过程中的关键是谁先在这场战役中不支或退出。由于专利诉讼耗费巨大，必须将专利诉讼资源配置到位才能在这个持久战中获胜，因此，专利运营公司发起的诉讼与一般专利侵权诉讼一样，必须具备"钱多、人多、命长"等基本要件。所谓"钱多"，是指在专利诉讼过程中，须支付庞大的诉讼费、律师费、专家费、差旅费其至是赔偿金以及权利金，并且要做好放弃市场和经济损失的准备。所谓"人多"，主要是在诉讼处理上，须为准备详尽的产业、技术、产品、专利以及竞争者分析等资料而配备诉讼规划人员、法律人员、支持人员等。业务内容和目的（即做什么和以什么为目的开展活动）不同，所需要的技能是不一样的。根据不同的情况，有时会需要一些特定的技术性知识，有时会需要高度专业的法律知识。所以在专利运营公司所开展的工作中，除了需要技术性知识人才外，还需要法律知识及财务知识人才。一个人同时掌握这几方面的知识是不可能的，实际情况是必须由多个专家共同组成一个团队来开展工作。除了刚才提到的专业知识及经验以外，表达力、沟通力、人脉以及在业界的口碑等也是非常重要的。所谓"命长"，指的是企业必须有能力支持运营，不至于在长期的诉讼过程中因为资源的不足而夭折。

对于专门以专利诉讼为手段的专利运营公司而言，这些资源本身就是其开展业务的基础，这些强有力的资源支撑对于目标公司而言却是致命的打击。目标公司往往在没有任何准备的基础上临时调动资源而仓促应对，导致在诉讼中处于劣势地位，这也是很多诉讼案例中专利运营公司胜诉率较高的原因之一。不过在多数诉讼案件中，目标公司在衡量诉讼结果所带来的资源损耗与缴纳权利金的多少后，会主动放弃专利诉讼，向专利运营公司"束手就缚"。

二、专利诉讼运营流程

专利诉讼运营模式往往和专利许可运营模式结合使用，其最终目的是实现专利权的经济价值，获得专利许可使用费或专利侵权损害的相关赔偿。美国斯坦福大学最近公布了一项题为"人间巨孽"（The Giants Among Us）的研究报告，披露了高智发明公司等专利聚合公司通常所采取的两种专利许可获利手段：一是将某一专利许可给一个更具侵犯性的公司，但仍保留高智发明公司投资方的许可权。该公司可自由地利用该专利向其竞争对手提起诉讼或进行再次许可，而高智发明公司则可在不花一分钱或不承担诉讼风险的情况下间接获利。二是在一般情况下，高智发明公司会主动与企业联系，要求其成为高智发明公司所持有的某件专利的被许可方，如果该企业无意合作，高智发明公司就会将其所持有的专利许可给一个更具侵犯性的第三方，而该第三方通过法律诉讼要求的许可费将远高出最初高智发明公司要求的许可使用费。按照专利运营公司发起的专利诉讼的特点，其一般按照下述流程启动与实施专利诉讼，如图5-34所示。

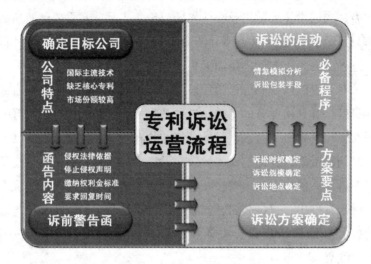

图5-34 专利诉讼运营的流程

（一） 确定目标公司

专利运营公司一般具有很强的专业性，根据专业特点只针对某一产业进行专利经营。对专利进行缜密布局后，选择目标公司发起诉讼，专利运营公司主要是通过监视整个产业链的发展活动来确定目标公司。一般而言，专利运营公司的目标公司一般有如下三个特点（如图5-36所示）：一是企业的产品追随国际主流技术；二是产品在国内外市场占据较高的市场份额；三是企业缺乏核心专利技术。确定目标公司的范围后，专利运营公司就利用现代信息科技以及互联网所带来的便利对目标公司的信息进行监控与收集。目前，以往仅翻阅专利公报或者浏览专利局网站再与相关产品进行对比的模式已经过时，专利运营公司一般会利用自动化系统，构建产业链上的专利数据库以及产品数据库，并能够自动对相关信息进行更新与汇集，甚至是对相关技术的相关性进行比对。专利运营公司监视的范围，包括目标公司每一件产品的所有活动，如产品发布会、董事长或其他高管的言论、特定型号产品所供应客户以及供应类型、产品的销售渠道、公司的年度报告等。在专利运营公司内部，一般有专门的技术人员以及法务人员分析目标公司的这些信息，推测目标公司产品的下一步发展途径，同时也在不停地收购、组合针对这些产品技术的相关专利，构建未来发起诉讼的权柄。对此，一般会在专利运营公司内部形成高度机密的专报，随时提交到高端决策者手中，以便其明确目标公司，以及作出发起诉讼准备的决定。

专利运营公司的最大经营理念便是追逐利益最大化，所以向其缴纳权利金成为其客户并非就一劳永逸了。2007 年 3 月，在德国汉诺威 CEBIT 展上，华旗、纽曼和迈乐数码等我国企业的MP3 产品因涉嫌侵犯 MP3 专利即遭 SISVEL 公司查抄。然而事实上，华旗的专利费已由代工厂向 SISVEL 公司交付，此种支付权利金的模式是按照产品的数量来收取，这比通过销售环节更容易掌握数据，是业界收取权利金的习惯。但是，由于代工厂经常瞒报或为其他小厂开假单，使 SISVEL 公司难于监控，因此 SISVEL公司欲与华旗、纽曼这样的品牌商直接联系。这些品牌商必须在SISVEL 公司设立固定的账号，一次性存入 5 万~15 万美元的保证金，而后根据每月生产数量确定缴费标准。将自己的客户作为诉讼对象，是专利运营公司发展到一定规模的体现。这代表着专利诉讼活动的操作机制已经达到相当成熟的境界，不仅在专利的品质、产业的定位及价值主张经营得法，而且确信所有进展均在自己的计划掌控之中，更体现出对提起专利诉讼的稳妥善后的能力。

专利的公认特征是专有性，即专利权价值的根本在于法律制度所赋予的垄断性，专利运营的过程必然导致这种垄断的延伸或控制力的加强。侵犯专利权的实质就是破坏了运营者的垄断控制力，因此通过起诉侵权人进而强化对专利权的控制能力成为专利运营的重要手段。可以认为，专利的技术性和独占性在一定程度上决定了专利诉讼侵权这一特殊运营手段的合法性和合理性。以美国为例，一般来说，专利诉讼的目标公司可以划分为以下三种类别，如图5－35所示。

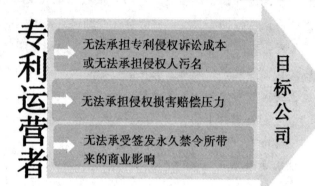

图 5 – 35 专利诉讼目标公司的类型

一是无法承担专利侵权诉讼成本或者无法承担侵权人污名的公司。对于某些公司来说，专利侵权诉讼费非常昂贵。在地区法院的一审程序平均需要花费20万美元左右。对另外一些公司来说，专利侵权者的污名可能会影响和限制公司吸引投资者的能力。对这两类公司来说，诉讼本身即构成了它们与专利运营公司作斗争的能力。

二是那些无法承担侵权结论成立后的损害赔偿压力的公司。对侵权诉讼所涉及的专利，如果此前没有许可的先例，那么法院在侵权结论成立之后，一般会要求侵权方向权利人支付按一定销售额比例计算的损害赔偿金。这个比例通常按照假设有公司愿意接受该专利的许可则其应支付的许可费率进行计算。如果遭受攻击的公司此前销售量非常大，那么在其被判侵权之后，应支付的损害赔偿金数额也是非常大的。因此，这类公司即可能因为无法承担侵权结论成立时应支付的损害赔偿金而接受专利运营公司开出的许可条件。

三是那些无法承受签发永久禁令所带来的商业影响的公司。如果专利运营公司赢得了初审诉讼，法院通常会签发一项永久禁令以阻止目标公司继续生产相关商品。而对某些公司来说，永久禁令将导致其所依赖的商品停止生产和销售；而且，签发永久禁令将会为专利运营公司谋求更高的许可费率提供机会。故对此类目标公司来说，与其承担停止生产的风险，不如向专利运营支付其所要求的许可费。美国联邦最高法院在 Ebay 案中的裁决，摒弃了在侵权结论成立时即签发永久禁令的绝对做法。但是各类专利运营者手中掌握的专利筹码持续增多，使它们在与目标公司的谈判中仍然具有很明显的优势。

一旦专利运营者获得了相应的专利权，它们通常会向相关产业领域里的若干目标公司发出专利许可的意见书。在最初的许可函件中，专利运营者通常会声明，它们的专利被目标公司运用在商业上，它们愿意向目标公司提供专项的专利许可。在最初的许可函件中，专利运营通常不会同时发出提起诉讼的威胁。通常来说，第一次发出许可函件的目的是希望目标公司意识到许可途径的存在，同时避免向目标公司发出断言性质的信号。

自专利运营公司向目标公司发出第一份许可函件起，其即向目标公司展示了它们对目标公司所具有的不对称优势。首先，在财务上，专利运营公司在发出函件之前即有所准备，而且充分考虑了发起侵权诉讼的各类风险。其次，专利运营公司自身不会成为目标公司。通常专利运营公司提起专利侵权诉讼遭遇的风险非常低，最坏的结果不过是损失律师费用并且专利被判无效；但是最好的结果却是可能从目标公司获得实质性的损害赔偿费用并且获得针对目标公司的永久禁令。而且通过仅对其最稳定的专利权利要求提起侵权诉讼或者降低获取专利的费用，专利运营公司还能进一步降低诉讼风险。

相反，目标公司却少有与专利运营公司谈判的能力。由于专利运营公司不生产制造任何产品，目标公司不能像在其他专利侵权案件中那样提起反诉。故目标公司缺乏一种杠杆性的手段来要求专利运营公司降低专利许可费。

（二） 诉前警告函

诉讼绝不是专利运营公司的目的，所以在发起专利诉讼前，专利运营公司一般使用警告函。警告函是专利运营公司自身或者委托律师向目标公司提出的缴纳权利金以及停止侵权行为的要求，是一种庭外达到意图的必然途径。警告函的作用有：一是可以达到专利经营的效果，如建立特定产业、技术及产品的市场领导地位，塑造专利运营公司的形象以及声誉，扩大专利授权许可的市场规模效益，以及掌握产业链、价值链、供应链的资源配置；二是宣示专利的实力架构及保护行动的决心和法律手段，告知目标公司存在侵权的事实以及可以通过缴纳权利金的模式消除诉讼风险；三是通过此种手段可以进行相当的舆论渲染，主要是在发出警告函的同时借助媒体的作用，对目标公司施加威胁，以达到不战而屈人之兵的目的，这是专利运营公司达到目的的最佳模式；四是减免日后提起专利诉讼的举证责任，以及增加被告成立故意侵权责任的概率，减少专利诉讼成本的损耗。部分国家规定，专利权人在诉前没有向被告发出警告函的，原告必须支付全部诉讼费用；而发过警告函的，则不必支付全部诉讼费用。美国阿凯夏公司业务开发执行副总裁 Mr. Dooyong Lee 表示，"当一个目标客户在收到警告函时，其知道我们的企业是一个什么样的企业，我们的业绩又是什么样的，我们所采取的交涉模式又是什么样的。当然客户也知道，我们不会简单地以'并不使用那个专利'来敷衍"。当然，诉前警告函的起草也须遵循一定的原则，主要包括：一是避免背上滥用专利权的嫌疑；二是避免被提起不公平竞争行为而惹来并深陷竞争法诉讼的困扰；三是避免过度披露专利布局环节而影响专利的运营策略。

诉前警告函的主要内容一般包括：对具体侵权行为的描述（包含有关专利的内容以及构成侵权的对象）；要求停止侵权行为的具体法律依据；要求交付停止侵权的声明；要求缴纳权利金及权利金的收费标准；警告函限定的期限，一般可以是 1～2 个小时甚至一个星期；相关威胁用语，一般措辞是如果过期不缴纳权利金或者不交停止侵权的声明，将会采取法律手段即提出诉讼。

（三）　诉讼方案确定

专利运营公司在发出警告函时，一边做好权利金付费谈判，一边进行专利诉讼的规划。权利金付费谈判平均进行 2～3 年，当然大部分纠纷最终以谈判调解而结束。主要原因是目标公司一般从三个方面的因素综合考虑而被动投降，如图 5-36 所示。但若谈判失败则会引起诉讼。诉讼方案的确定除了考虑上述专利布局以及产业链监视以外，还会将诉讼对象、诉讼所在国家或地区以及诉讼法院和诉讼时机等纳入事先应该研究筹备的范围。在诉讼对象的选择上，专利运营公司是经过充分论证的，可能仅针对某公司，或者一揽子公司（即将其客户商、供应商等均列入被告），这主要是根据所欲发动诉讼的规模来决定的。

在诉讼对象的分析上，目标公司法务部门和专利部门主管的人格特性、行为环节以及外部律师等均是专利运营公司事先考察的内容。在诉讼法院的选择上，首先考虑的是管辖权的问题，其次是法官的学历背景以及办案风格。专利运营公司一般均对可能的管辖法院的法官资料建立相关数据库并进行定期跟踪更新。对于专利诉讼纠纷的解决，难免涉及专利无效程序，因此与主管专利无效的审查委员会审查员建立融洽的关系以及对相应判决进行分析，也是专利运营公司关注的重点。最后，由于所起诉的国家或地区不同，专利运营公司平时也会刻意培养与将来可能选择合

图 5 - 36　目标公司放弃诉讼的原因

作的法律或专利事务所以及专利专家证人等的关系网络。至于提起诉讼的时机以及诉讼策略，可根据目标公司的财务状况、业绩成长状况以及产品销售情况等作出判断。

　　总之，发动此类专利诉讼，一般是以年度规划的模式进行的。若没有能力规划上述配套措施，则专利运营公司一般不会轻易出手。例如，艾提杜公司是以广泛的知识产权作为其业务对象开展投资业务的投资企业。在发起诉讼前，该企业首先将起诉案件的讨论、评估分两个阶段进行：第一个阶段是企业内部的讨论、评估，第二个阶段是企业外部的讨论、评估。企业内部的讨论、评估，主要基于投资业务的相关经验、知识及法律知识等进行。例如，预期多少收益，需要多少流动资金，以及通过了解专利及索赔等相关知识来评估专利的有效性等。之后，委托企业外部的法律事务所，从独立、中立的角度给予专业的法律意见。有时根据需要，也会努力听取专业的技术人员、市场专家、经济学家等的建议。

（四）　诉讼的启动

　　专利运营公司按照制订的方案，在目标公司放弃缴纳权利金的情况下将提起专利诉讼。此时，专利运营公司已做好充分的自我检查，确认将作为诉讼权柄的专利的有效性及可执行性，并进行情景分析，模拟未来如何发动诉讼及可能出现的诉讼情景的配套方案。此外，专利运营公司还利用媒体以及相关的舆论手段为诉讼包装，树立良好的外部形象，以掩盖真实的诉讼目的。若是了解专利运营公司发起专利诉讼的真实意图，就会明白那只不过是走秀而已。

国际专业咨询机构普华永道发布的《近距离关注：专利纠纷诉讼趋势和非专利实施实体日益凸显影响》分析报告表明，1995～2008年，专利运营公司在专利诉讼中走完全部诉讼程序的比例较小，由此直接导致其所有审判中的胜诉率为29%，主要原因是在诉讼过程中，双方已经达成权利金的缴纳协定而终止诉讼。走完全部诉讼程序的专利诉讼虽然胜诉率低，但是专利运营公司据此获得的损害赔偿金则是其他专利诉讼案件的两倍多。

第六章　国外主要专利运营公司

第一节　高智发明公司专利运营概况

一、公司背景

高智发明公司（Intellectual Ventures 或 IV，过去也被翻译为知识风险公司）由美国微软公司两位前高管内森·米尔沃德、爱德华·荣格联合创办于 2000 年，目前是全球最大的专业从事发明与发明投资的公司。高智发明公司的总部在美国华盛顿州，目前在澳大利亚、加拿大、爱尔兰、新加坡、日本、韩国、中国、印度 8 个国家设有分支机构。2008 年 10 月，高智发明公司在北京举办中国区开业典礼，正式将其业务引入中国。

该公司的核心团队包括：4 位创办人——Nathan Myhrvold（微软公司前首席技术官、战略师，微软研究院创始人，现任高智发明公司 CEO），Edward Jung（微软公司前首席软件架构师，现任高智发明公司首席技术官），Perter N. Detkin（英特尔公司前副总裁，现任高智发明公司副总裁），Greg Gorder（Perkins Coie LLP 律师事务所合伙人，现任高智发明公司副总裁）；3 位高管——Adriane Brown（霍尼韦尔交通系统前总裁兼 CEO，现任高智发明公司总裁兼首席运营官），David Kirs（美国司法部前司法部长助理，现任高智发明公司总法律顾问），Russell L. Stein

（19 年美林和摩根斯坦利金融机构从业经验，现任高智发明公司执行副总裁兼财务总监）；以及 25 位专职顶尖科学家团队。目前员工总数为 850 人，按照其专业分为三类，其中三分之一是技术专家，包括科学家、发明家；三分之一是法律专家，包括专利律师和诉讼律师；三分之一是经济专家，包括金融家、风险投资家、专利许可授权代理商。负责公司内部发明的有 30 名发明员工和 100 多位兼职发明顾问，建立的外围发明网络包括全球 25000 多位科学家（目前真正发生合作关系的有 4000 多位）。

高智发明公司的组织结构非常复杂，具有 7 个运营机构和 1 个大的基金机构。这些核心机构分别负责不同的业务内容；而在不同的机构中，根据机构内部的职能，可能又包括以下部门：行政/后勤部门、业务部门/分析与战略部、执行管理部门、知识产权运营部门、财务部门、人力资源部、实验室/商店、法律部、授权许可部、核技术部、系统部/技术部。这样的内部职能部门设置亦是非常复杂，既包括常规性部门，如人力资源部门、后勤行政部门与法律部门；还设置有较为独特的知识产权部门、许可部门、核技术部与实验室等。❶

二、运营概况

高智发明公司认为发明创造是一项将用于建立新商业模式、流动性市场和投资战略，可以通过投资获取高额收益的高价值资产。其期望组建一个世界级的团队去发明和投资发明，成为一个提供全套服务的发明资本公司，从而打造一个围绕发明的产业生态系统，让"idea"能够在市场上实现自由流通和兑现价值。其采用的商业模式是融资建立发明基金，进行发明和投资发明，创

---

❶　当然，外界对于高智发明公司设置的具体机构与部门，也存在不同的看法。例如，其实验室（成立于 2009 年 5 月，拥有大约 30 名研发人员）的象征性用途可能大于其实际用途，以此试图表明高智发明公司是一个创造发明的公司，从而掩盖其可能的"专利投机"行为。

建专利池，将专利变成流动性资产。高智发明公司的专利运营实质就是基于专利制度，建立发明资本市场，把发明创造单独当做一种产业来经营获利。

（一） 资金来源

众所周知，要建立一个规模可观的专利资源库并持续运营，需要有强大的财力支持，以支付创造发明所需要的研发成本、申请专利的成本、维持专利有效的成本，以及运营专利的成本等。而且专利资源库规模越大，所需成本越高，因而越需要有强大的财力支持。为此，高智发明公司在创始之初，就筹集了50亿美元，因为其创始人在知识产权领域都有非常丰富的经验和深邃的洞察，深知这个领域尽管潜在回报丰厚，但是耗资巨大。而另外值得注意的是，高智发明公司成立之后，并没有立刻大规模地开展专利并购业务，而是在2004年以后才开始加快专利聚集的步伐。

高智发明公司的财力支持者来自不同的领域，既有传统的金融领域投资基金，也有实体性企业（尤其是高科技企业）、私募基金以及个人投资者，其中不乏大型的跨国高科技企业集团、活跃的货币投资机构、重要大学投资基金以及实力雄厚的天使投资人。基金融资是高智发明公司的主要融资方式，该公司设立投资关系小组进行基金融资。按投资目的可将投资者分为两类：第一类是货币投资者。这类投资者将发明资金简单视为类似于金融衍生产品、对冲基金、私人股权和房地产的另一类货币投资选择方案。这类传统的投资者包括养老基金、大学和基金会捐赠基金，以及富有的家庭和个人投资者。第二类是战略投资者。这类投资者不仅追求直接的经济回报，还希望获得帮助或者早日获得专利投资组合许可。这类投资者包括全球500强公司和高科技、电信、金融服务、消费电子、电子商务领域的领军公司。其现有的30多位投资者，包括个人投资者（比尔·盖茨），两个家族基金（HP家族和杜邦家族），以斯坦福大学为首的一小部分大学，以及十几家高科技公司（如微软、摩托罗拉、谷歌、苹果、思科、AT&T，诺基亚等）。这种广泛的资金来源说明了一个很重要的事实：私营企业想要在知识产权运营（尤其是专利运营）领域中有所作为，强大的资金支持是不可或缺的；如果没有财力支持，则专利的并购和运营将只能是空谈或纯粹的设想而已。

（二）　专利资源

1. 专利来源

高智发明公司专利的来源主要是自己创造和外部并购。为了向外界表明其创造发明的决心，高智发明公司建立了专门的发明实验室（invention lab）；但是基于相关数据，外界对此并不认可，高智发明公司的发明实验室更多地被认为是一个用来掩盖其专利投机行为的工具。外部并购应该是高智发明公司专利的真正来源，并且可以细分为更多的子模式，如直接购买。高智发明公司大量地通过直接购买的方式，从各种类型的专利权人手中购买专利权。上述专利权人既有个人，也有各种规模的企业，甚至包括其他专利运营者。而高智发明公司的这种专利购买行为，往往通过空壳企业（shellc company）的方式进行。外部并购专利的另外一种重要模式就是所谓的联合研发，这也是高智发明公司与大学等科研院所的主要合作方式。通过联合研发，高智发明公司会资助科研机构从事项目研发并帮助其获得专利权；当然，高智发明公司会与其订立协议约定未来的收益分配。

2. 专利数量

由于高智发明公司并非上市企业，因而并没有公开披露过多细节的义务，由此也导致外界对于高智发明公司的了解并不能像上市企业那样透彻与深入。对于高智发明公司与很多企业、个人发明人的交易细节以及高智发明公司与专利被许可对象乃至诉讼对象之间的协议信息，往往签订了保密协议，外界是很难获悉的。因此，尽管外界通过各种渠道估计高智发明公司已经拥有超过 3 万项专利（申请），但可以检索到的、直接以高智发明公司的名义掌握的专利（申请）数量远没有那么多。这一方面是由于高智发明公司本身的一些策略所致（如故意延迟专利权变更信息的申报），另一方面则是由于高智发明公司的业务行动在很多情况下都是通过空壳企业❶执行的。

到目前为止，由 Tom Ewing 和 Robin Feldman 两位美国学者发起的专门针对高智发明公司的研究可以说是最为完整的，他们获知了高智发明公司的 8093 项专利和 2998 项公开专利申请。❷在他们的研究报告❸中，其保守估计高智发明公司仅用 5 年多的时间，就在全球范围内建立了包括超过 1 万个专利家族、3 万 ~ 6 万个美国排名第 5 位、全球排名第 15 位的巨型专利资源库。

3. 技术领域

高智发明公司主要在 IT 业（多普勒电脑、信息安全、超现实多媒体、造影）、大物理（食品、能源、环境、材料）、生命科学（医疗器械、纯粹生命科技）等领域进行运营，具体领域包括：软件（增强现实、普适计算、数据存储、搜索、信息安全）、电子/计算［硬件：高密度能量存储、电池、半导体（三维）］、土木工程/机械/能源（发热管理、机器人、自动化）、物理科学（材料、传感器、控制器、MEMS、半导体照明）、生命科学/农业（无创手术、医疗电子、成像技术、环境监测、污水处理、食品安全）。其从 2011 年开始重点关注的几个领域为：IT

---

❶ 根据相关报道，高智发明公司至少与 362 家空壳企业存在关联，还有人认为高智发明公司的空壳企业超过 1000 家。see M. Harris, "Profile – Nathan Myhrvold", Engineering & Technology, 2011.

❷ 目前国内基于专利数据对高智发明公司的公开性进行的研究仅有：刘斌强等："高智发明（IV）：基于专利数据的分析与启示"，载《中国知识产权》2012 年第 4 期。

❸ The Giants Among US.

业"云服务"、清洁能源、绿色材料、生命科技领域下一代的手术设备和仪器等领。

4. 收益状况

2003～2010 年，高智发明公司基金总额是 57 亿美元，实际投入不到 30 亿美元，收回资金超过 45 亿美元，盈利超过 10 亿美元。基金管理期是 20 年，其在 7 年内就能收回本金、实现盈利，今后 13 年就能获得纯盈利，从效益上来讲是比较成功的。其主要途径包括以下几个方面：

一是为已遭受专利诉讼的投资企业提供专利风险解决方案，收取专利许可费。例如，美国第二大电信公司为了应对美国 TI-BO 公司涉案金额为几十亿美元的专利诉讼，找高智发明公司合作。高智发明公司为其组成了包含约 1000 个专利的专利包，不仅使 TIBO 撤诉，而且反诉 TIBO 公司几十亿美元。为此，世界通信公司向高智发明公司支付了超过 5 亿美元。

二是为未遭受专利诉讼的投资企业提供技术支持和保险，收取专利许可费。这些投资企业有权在基金的期限内查看专利池里的任何东西，并且进行挑选、建立组合，以创造更多的价值及避免大量诉讼。例如，美国的英特尔公司、韩国的三星公司、我国台湾地区的鸿达公司都与高智发明公司建立了合作关系，分别向高智发明公司支付了几亿美元。

三是向其他公司收取专利许可费用。高智发明公司根据其拥有的专利资源分析现在或可能要用到其专利的对象，向其收取专利许可费。

四是通过诉讼途径来实现盈利。在许可不成功的情况下，高智发明公司会通过诉讼的方式逼迫对方"就范"。高智发明公司强调，其从未将诉讼作为盈利模式，但不会放弃采用诉讼手段保护其知识产权。事实上，高智发明公司发起专利诉讼都是通过空壳企业开展的。例如，The Giants Among Us 就指出，高智发明公

司通过空壳企业实施了超过 954 起专利交易，发起了大量专利诉讼。❶

五是创办企业以实现盈利。高智发明公司将非常好的构想创办成企业，通过实体化的市场经营实现专利收益。例如，基于开发长时间不用更新燃料的新型原子能发电系统的构想，高智发明公司于 2006 年创办了美国泰拉能源公司（Terra Power）。目前该公司正在探索与拥有跨国力量的公司结为合作伙伴，为此实现新型核反应装置专利的商业化。

三、运营模式

高智发明公司的核心团队设立了产品主题创制组，研究技术的发展趋势和科学上的新发明（每个月召开一两次头脑风暴会，固定由公司创始人米尔沃德和比尔·盖茨两人召集并主持，根据课题邀请不同学科的顶尖专家，共同研讨未来 5～10 年所需的新应用或者想法），寻找最佳的投资机会，以其研究结论指导公司发明或投资发明。其发明或投资发明的经营活动采用基金模式运作，公司下设三支基金：发明科学基金、发明投资基金、发明开发基金。发明科学基金（intellectual science fund, ISF）用于公司内部的发明，基金规模为 5 亿美元，每年产生数以千计的发明。每个构想得到审查并按照轻重缓急排列顺序，然后就其中最佳的 1/5～1/3 的发明申请专利。2009 年申请了约 450 项专利。发明投资基金（intellectual investment fund, IIF）用于收购有价值（与高智发明公司目标相符合）的专利和公司，基金规模为 45 亿美元，现有超过 3 万项的专利投资组合中大部分都是购买获得的，具体收购大多通过空壳公司进行。发明开发基金（in-

---

❶　美国公共广播电台对此做了一个专门的调查，载 http：//www. npr. org/blogs/money/2011/07/25/138576167/when‐patents‐attack.

tellectual development fund，IDF）用于与发明人、大学和非营利机构合作开发专利，获得专利独占经营权，基金规模为 7 亿美元。目前已经与超过 100 家机构进行了合作。这三支基金的主营业务虽然各有所侧重，但终极目的都只有一个：获取专利并形成高价值的专利组合，许可、转让这些专利以收取费用。目前进入中国开展业务的主要是 IDF。

高智发明公司定位于为其投资者服务，实际上还是立足于市场追求专利运营收益的最大化。为此，高智发明公司成立了一家完全独立于高智发明公司的机构进行"技术借贷"，把向专利大户借专利的使用权散发给中小企业，目标是通过这个渠道把专利给全世界的中小企业使用。其运行方式是在当地设置服务公司，提供以下四项服务：第一是技术服务，包括找专家、技术布局等；第二是资金支付；第三是网络支持，通过各地的服务公司可以在全球网络上解决问题，实现全球资源共享；第四是客户支持，大部分技术来源于大型科技公司，每个小技术很可能来源于某个大型产品的零部件，所以可以使超大型企业成为中小企业的客户。

高智发明公司的主要经营流程可以概括为：组建顶尖团队寻找最佳投资机会，直到旗下基金通过自创、购买、合作三种方式创建具有完全经营权的专利池，面向全球市场经营专利池，获得盈利，如图 6-1 所示。

高智发明公司针对三种对象分别运用了不同的模式进行运营。对于发明者：提供资金；为发明确定大量的主题；为特定发明接触市场提供便利；为发明建立市场报酬；提供可靠的赔偿；帮助生产非常有价值的专利；销售和许可发明；从多渠道打包专利以实现专利增值。对于研究机构：提供资金；将科学发明与产业需求联系起来；当多个机构就同一专利存在利害关系时，建立协议；帮助实现发明货币化；实现专利权利。对于产品制造商：

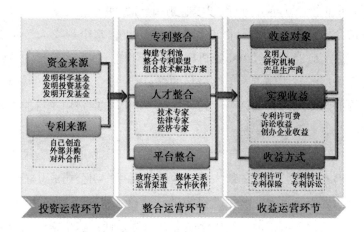

图6-1　高智发明公司各环节专利运营模式图

为专利提供一站式购买服务，将外部发明者与公司的特殊需求联系起来；通过提供专利接触减少诉讼危险；为公司打算许可或者销售的专利提供快销市场。

高智发明公司运营模式的先进之处主要体现在以下几个方面：一是克服了发明投资的高风险。高智发明公司运用类似于保险公司通过积累保单形成大型投资组合来分散风险的方式，开发了一个涵盖广泛技术领域的由数以万计的发明组成的多元化投资组合，有效降低了风险。二是全过程的质量控制。之前在美国知识产权市场上出现的一些新知识产权交易方式，如 RPX 公司提供专利风险解决方案的模式，托默公司推出的知识产权拍卖模式、知识产权坐市商交易系统模式，以及其他企业推出的知识产权债务融资、知识产权银行、知识产权记分牌等新的商业模式，都是基于已有的发明创造成果（已有专利）而进行的交易模式。高智发明公司跟它们不同，其从发明创造源头就开始控制，选择市场需求大的主题，整合优质研发资源，以市场为导向确定专利申请的时机和方式，以市场、客户为导向建立专利池，以确保专利的高质量。三是强大的人才队伍和营销能力。高智发明公司的高管团队具有企业管理、技术经营、法律、金融管理等方面的丰富经验，员工则包括了大量的技术、法律和经济三方面的专家，并建立了全球发明网络。高智发明公司还拥有雄厚的资金实力，并且对相关高科技产业、企业比较熟悉，具有广泛的联系，能够有针对性地为企业建立专利池。

四、运营特征

高智发明公司的专利运营特征主要表现为注重专利投资环节，在专利整合环节中注重人才凝聚和平台建设，运营隐蔽性强，以及运营模式多样，具体表现如下所述。

（1）注重专利投资环节，通过基金模式充分展示其资金的吸纳能力，凭借庞大的资金投资者实力而举世瞩目。充足的资金保障其通过购买、许可等方法积极引入外部专利;，但是其自主发明专利占比极低，大部分专利都是从其他地方买来的。据不完全统计，高智发明公司至少拥有的3.5万件专利中，自己发明的仅有1000余件。从来源上看，高智发明公司近一半的专利来源于美国之外，其利用其他国家与美国的专利重视度差异，实现专利的"套汇"。

（2）专利整合环节的实力比较雄厚，主要体现在人才的凝聚以及运营平台的搭建上。高智发明公司注重人才运用，平台建设手段新颖，专利运营手段多样，特别是强调专利组合的商业化运作。高智发明公司更重视专利价值的实现，而并不强调专利与产业之间的对接；同时，其认为专利价值商业化的前提在于多项专利的打包运营。从运营手段上看，其主要采用创造投资、技术入股、专利许可、专利转让和专利侵权诉讼等多种模式。

（3）专利运营隐蔽性强，通过空壳公司和运营策略避免追踪。高智发明公司通过使用空壳公司分散其专利。有调查显示，高智发明公司至少使用了1276家空壳公司作为专利的分配地，这使得其运营业务的真实效果难以追踪。同时，高智发明公司还使用一些策略实现其隐蔽运营，如将专利授权给第三方，让第三方起诉某家公司，从而避免直接的冲突。

（4）根据客户特点的不同，专利运营模式也有所差异。高智发明公司的客户较为多元，既包括高校，也包括大公司、小公司。大公司通过投资于高智发明公司，获得使用专利组合的权利，构建专利防御或攻击体系。对于小公司，高智发明公司通过"Turkey"的模式进行专利购买，即先一次性付一笔钱，然后再从自己每次因该专利获得的收入中分一部分给小公司。

第二节　其他主要专利运营公司概况

除高智发明公司外，国外还有多种类型的专利运营公司，依照其出身和运营手段主要可以分为四类，具体如图 6 - 2 所示。本节将选取特定的案例分别介绍上述四类专利运营公司的背景、运营概况和运营特征。

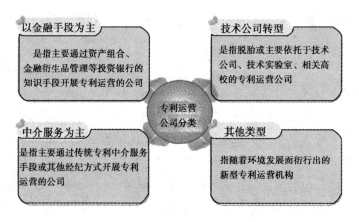

图 6 - 2　专利运营公司的主要类型

一、以金融手段为主的公司概况

顾名思义，以金融手段为主的专利运营公司主要表现为其在投资、整合、收益三个环节中对金融中介、金融市场、金融手段的青睐。

（一）阿凯夏科技集团

1. 公司背景

阿凯夏科技集团（Acacia Technologies Group，以下简称阿凯夏公司）成立于 1992 年，总裁和 CEO 为 Paul Ryan，其最初的主营业务为针对拥有具备一定潜力的技术的风险企业进行风险投资。2000 年，受 IT 泡沫的影响，其开始探索新业务环节，转向投资拥有具备一定潜力的专利的企业，此后开始转入专利许可服务。目前其已在纳斯达克上市，主要针对半导体、电子部品、显示器、通信等高新技术领域，以专利为对象，开展专业化的专利许可业务。

2. 运营概况

自将专利许可作为主营业务起的四年里，阿凯夏公司的许可业务总收入高达 17 亿美元，月均收入高达 3500 万~3600 万美元。其人员组成以精通知识产权商业环节及专利许可活动的高新技术领域工程师、代办人、律师为主。

3. 运营特征

阿凯夏公司的专利运营有以下特点：

（1）专利运营模式以专利许可为主，对专利诉讼依赖度不高，收费制度为成功收费制度。阿凯夏公司的主营业务为专利侵权人的许可服务，即确认侵权事实后，收集并确保侵权证据，在此基础上，对业务对象及市场规模进行分析。该公司拥有不同于其他专利许可公司的规模化业绩，并且 80% 以上的案件都没有依赖诉讼解决。在收费制度上，采取从许可企业中获得的收入中扣除开展许可业务过程所支出的经费（反向工程等的技术分析费用、购买样品费用、律师等外部专家委托费用、交通与住宿等差旅费用），再将剩余的部分同客户对分。

（2）业务领域集中在高新技术领域，以小企业起家，目前的客户以欧美和日本的企业为主。公司的业务领域较为集中，主要针对半导体、电子部品、显示器、通信等高新技术领域，以专利为对象，开展专业化的专利许可业务。该公司成立伊始以财务基础较薄弱的个人发明家及小企业为主要客户，在同这些客户签订专利转让或独占许可权合约的基础上，与潜在实施方进行专利许可交涉。目前的客户包括 IBM、三星、施乐、诺基亚等欧美大企业，也包括不少日本企业。

（二） 艾提杜资本有限合伙集团

1. 公司背景

艾提杜资本有限合伙集团（Altitude Capital Partners，以下简称艾提杜公司）成立于 2005 年，创办人 Robert Kramer 曾经在美林公司工作，因此其定位为知识产权的投资公司。艾提杜公司被认为是围绕专利、商标、著作权、商业秘密、驰名商标、基于许可合约的专利使用费等，以广泛的知识产权作为其业务对象开展投资业务的投资企业。该公司拥有具备丰富知识产权知识和广泛的事务性、许可、诉讼和私人股本投资经验的高度跨领域的团队，从技术专家、商业/管理顾问到知识产权律师都可以提供专家级的资产和市场分析。其业务涉及通信、信息技术、医疗设备、药品、生物技术、电子商务、软件、汽车和金融等多个领域的知识产权。

2. 运营概况

截至到 2009 年年底，艾提杜公司投资的知识产权资产已达

2.5 亿美元，其在知识产权领域的业务已形成一定体系，具体包括：挖掘有价值的知识产权资产，提供技术、法律和财务领域的建议，规定和强化知识产权资产的潜在价值，通过知识产权法律顾问、费用的协议、协调利益等模式识别、谈判和管理"一流"知识产权等。

3. 运营特征

艾提杜公司的专利运营具有以下特点。

（1）以投资银行知识和法律知识作为基础提供专利创造价值实现和资金支持两方面服务。由于老板的投资界背景，该公司与其他知识产权运营公司的最大区别在于，其是一家投资公司，不仅具备知识产权的技术、法律等相关知识，还具有投资银行的功能，即以投资银行知识和法律知识作为基础提供相关服务。反映到服务方面，其主要提供两方面的服务：一个是提供能使知识产权更具体地创造价值的相关专业知识服务。例如，如果要对顾客所拥有的专利组合提供服务，就必须掌握必要的专业知识。另外一个是提供资金方面的服务，不仅会提供更灵活的资金服务，同时也以更广泛的目的为对象提供资金服务。

（2）业务领域广泛，主要客户群是中小企业和大学，运营模式较为多样。该公司的业务涉及通信、信息技术、医疗设备、药品、生物技术、电子商务、软件、汽车和金融等多个领域的知识产权。其主要的客户并不是本身拥有雄厚资源的大企业，如IBM 等，而是在知识产权运用方面缺乏相应资源及不具备相关专业知识的中小企业、大学等。其投资模式包括第三方的专利购买、许可合约、专利诉讼、与专利所有人的合作协议、将来可获得的专利使用费等。

（三）　保罗资本合伙集团

1. 集团背景

保罗资本合伙集团（Paul Capital Partners，以下简称保罗公司）是一家投资公司，成立于 1999 年，总部位于美国纽约，主要从事医药、保健等领域的二级市场相关投资业务，在专利方面主要针对专利使用费进行投资。该公司的员工数量已经从最初的 2 名发展到接近 100 名，在香港、伦敦、纽约、巴黎、旧金山和圣保罗设有办事处，在三个不同的投资平台管理者总额超过 73 亿美元的投资。

2. 运营概况

保罗公司针对潜在专利使用费收入提供资金支持的平均规模约为 2000 万 ~ 1 亿美元，投资期限为 5 ~ 10 年甚至更长。

3. 运营特征

保罗公司的专利运营具有以下特点：

（1）运营专利的技术领域集中在医药保健领域，客户集中在高校和科研院所。保罗公司目前将投资对象限定在医药和保健品领域，是考虑到知识产权在医药和保健品领域更重要的地位和该领域市场方面的投资需求。保罗公司的网站显示，以潜在专利使用费为对象的投资客户主要有 Aston University、Imperial College、Cancer Research Technology（CRT）、The Wister Institute 等，主要是研究所和大学。其具体模式是了解研究所和大学的财务需求，之后会在详细分析的基础上，与其专利使用费支付对象进行谈判交涉，最后提出具体的投资方案。

（2）运营的专利已实现商业化或处于商业化最后阶段，专利运营模式以投资为主。由于医药、保健品领域的技术周期较长，因此风险控制十分必要。为此，其选择潜在专利的对象为已实现商业化或已处在商业化最后阶段的知识产权，从而避免了一定的风险。在专利运营模式上，主要以投资为主，具体模式包括一次性投资、部分投资或将来定期性投资等。

二、技术公司转型的专利运营公司概况

技术公司转型的专利运营公司的运营优势在于具有一定的技术基础，因此其在投资环节中更倾向于自我研发或投资同一领域的专利技术。相对而言，其在整合、收益环节中的运营模式较为传统。

（一）　英特迪吉通讯公司

1. 公司背景

英特迪吉通讯公司（InterDigital Communications Corporation，以下简称英特迪吉公司）于 1972 年成立于美国费城，是无线电话通讯的先驱者。20 世纪 90 年代，该公司通过收购掌握了 CD-MA 的一系列新技术，并将 CDMA 二代核心技术 IS－95 标准以 500 万美元卖给高通，使其通过成功市场化 CDMA 取得了该领域的垄断地位。进入 21 世纪后，英特迪吉公司的主营业务转为知识产权，以专利产品为公司的盈利点。该公司的员工中 70% ～ 80% 为技术人员。

2. 运营概况

英特迪吉公司原来主要从事无线技术产品的制造和研发，因此，其专利也主要集中在无线技术领域。据统计，该公司目前持有 1.95 万项专利。2006 年，该公司的专利许可业务营收超过 10 亿美元。该公司年报显示，其 2008～2010 年的收入分别为 2.28 亿元、2.97 亿元、3.94 亿元，对应的总资产分别为 4.05 亿元、9.08 亿元、8.74 亿元，其中主要为专利产品。

3. 运营概况

英特迪吉公司的专利运营具有以下特点：

（1）运营专利多为无线技术领域的自主申请，且其深层次地参与到技术规格标准的开发中。与其他专利非实施主体相比，

英特迪吉公司的一大特征是，其大部分专利是其自主技术开发的成果，这与该公司强有力的预算支持和充分的专业人员支持密不可分。该公司研究开发活动的另一大特征为研发对象集中在无线技术领域，并且其深层次地参与到技术规格标准的开发中，参与了 TDMA、CDMA、WCDMA 等无线技术规格标准相关的研究开发活动。

（2）专利运营模式以专利许可、诉讼和买卖为主。深层次地依托于其优秀的算法研发能力和强劲的专利储备，该公司的专利运营模式以专利许可、诉讼和买卖等商品化行为为主。2006年，该公司的专利许可业务营收超过 10 亿美元。在全球范围内，英特迪吉公司对爱立信、苹果、RIM、三星、LG、诺基亚、松下、三洋等进行了一系列成功的专利诉讼，目前已知的专利费用有：三星 1.34 亿美元、诺基亚 2.53 亿美元、LG2.85 亿美元和苹果 5600 万美元。最近的专利买卖则是苹果和谷歌对其拥有的约 1300 项与手机相关的专利的争夺，虽然最后英特迪吉公司放弃出售，但是引起的轰动也不小。

（二） 新风投有限责任公司

1. 公司背景

新风投有限责任公司（New Venture Partners LLC）成立于2001 年，起源于依托贝尔实验室所拥有的技术设立的风险企业。现阶段其已经成为在信息通信领域以技术为对象进行投资、孵化的风险企业，在英国、美国都设有事务所。

2. 运营概况

新风投有限责任公司的主营业务是以技术为对象进行投资和孵化。与一般风投相比，该公司是新生企业的共同创办人，还为新生企业保证必要的人才、管理，确保其知识产权。

3. 运营特征

新风投有限责任公司的专利运营具有以下特点。

（1）专利运营的领域为信息通信领域，运营对象主要是知名企业。由于只关注信息通信领域，因此并不关注大学。新风投有限责任公司的主要投资对象是世界性大企业的研究机构及有名的研究机关，通过市场机会的有效性、技术创新性及发展潜力进行判断。目前与该公司合作的大企业包括英国电讯、飞利浦、英特尔、IBM 和波音等。

（2）运营专利在技术上处于萌芽期，因此运营模式以投资为主。该公司被定位为风险企业，因此其运营的专利技术大多为处于萌芽期的技术，从商业层面考虑这些专利的申请和维护。在运营模式上，以技术投资为主。

（三）　斯坦福大学技术许可中心

1. 中心背景

斯坦福大学技术许可中心（Stanford University Office of Technology Licensing）成立于 1970 年，是将斯坦福大学所拥有的知识产权向产业界转移的专门机构，强调大学亲自管理专利事务，并把工作重心放在专利营销上，以专利营销促专利保护。目前，斯坦福大学技术许可中心共有员工 28 名，其中包括 1 名主任、7 名许可经理、1 名版权许可与营销专家。许可经理负责对斯坦福大学发明人所披露的技术进行评估，并针对重要技术制定许可战略、进行专利影响和专利许可谈判。此外，还有联络人员、会计、行政管理和数据库管理人员，并专门设定了一名合规官。

2. 运营概况

截至到 2005 年，斯坦福大学已经转让技术近 2600 件，收取权利金近 10 亿美元，其中最大的是 1974 年许可 DNA 重组技术和 1996 年谷歌许可的超文本搜索技术，分别收入 2.55 亿美元和 3.36 亿美元。其不仅缔造了谷歌、雅虎、惠普这样的顶级跨国企业，还保持着知识产权转让年收入 4000 万美元的纪录，为硅谷提供了巨大的技术创新支持，堪称大学与产业界有效合作的楷模。

3. 运营概况

斯坦福大学技术许可中心的专利运营具有以下特点：

（1）运营专利的发明人为本校师生，创新过程不同则采用不同处理模式。斯坦福大学所运营的专利主要是该校老师和学生的研发成果。其中针对学生的研发成果，根据其是否使用学校资源采取了不同的处理模式：如果是学生在业余时间独自完成的，没有使用学校的研究资源，也不是学校的科研项目，则学校对学生就该成果申请知识产权、成立公司不干涉，也不会收取费用；如果是利用了上课时间和学校的资源，则需要由学校进行运营。

（2）成果研发过程与市场联系紧密，为专利商业化提供保障。斯坦福大学与硅谷"一衣带水"，水乳交融，多年来斯坦福大学一直担当着向硅谷输送高科技人才和新技术的重要角色，与产业界形成了积极而充分互动的传统。该中心的工作人员经常组织座谈会，使科研人员与企业代表能够充分交流，及时掌握市场发展动态和技术走向。研究人员自己也与工业界保持着密切的联系，及时获取企业和市场的需求，调整自己的研发方向。斯坦福大学的学生和教授还直接参与到企业的商业活动中，如到企业里做顾问。在技术转让的时候，很多研究人员和该中心的工作人员一起，寻找合作伙伴，参与技术推介会，向企业推介技术。此外，研究人员还协助专利代理人申请专利，修改专利申请文件。这些使得学校的科研成果能积极适应市场需求，为成果的迅速商业化提供了保障。

（3）主要运营模式为技术许可，并围绕技术许可形成一套较为完善的管理制度。斯坦福大学技术许可中心的专利运营呈现出"充分授权、收入共享、规范管理"等特点，从运营模式上看，以专利许可和转让为主。发明人将科研成果交到该中心后，该中心根据不同的技术领域分发到不同的工作人员手中，由他们对成果是否具有价值、是否要申请专利进行评估。此外，其围绕技术许可形成了体系化的基础制度、组织和机制，如对发明的所有权归属、知识产权保护、利益冲突等界定得十分清晰，并建立校内孵化基金，对技术发明的激励力度较大。

（四）　宇泰公司

1. 公司背景

宇泰公司（UTEK Corporation）成立于 1997 年，总部位于美国佛罗里达州，是几家企业的集合体，旗下包括提供知识产权及技术战略经营管理方面相关咨询指导服务的企业，以及针对各种专利及技术开展分析服务的企业等。该公司在美国的 AMEX 和英国的 AIM 上市，在英国及以色列设有分公司。

2. 运营概况

宇泰公司收购了几家从事知识产权相关业务的企业，开展知识产权及技术战略经营管理。

3. 运营概况

宇泰公司的专利运营具有以下特点：

（1）运营专利所有者是大学及研究机构，主要面向中小企业开展业务。该公司主要针对加利福尼亚大学、康奈尔大学、剑桥大学等欧美多个大学及阿拉莫斯研究所、弗朗霍夫协会等研究机构的研究成果，面向中小企业开展许可业务。这一被称为 U2B 模型的许可服务，在 2005 年收入约为 2300 万美元。

（2）围绕技术转移、知识产权经营管理，提供技术许可和技术转移等多元化运营模式。宇泰公司主要提供技术转移、有关战略性知识产权经营管理方面的咨询指导，以及基于其所拥有的数据库、软件提供各种信息等服务。为此，其专利运营模式主要为：将大学及研究机构的研究成果面向中小企业展开许可业务，对一些发明或发现提供技术转移和创新服务。

三、以中介服务为主的公司概况

以中介服务为主的公司往往是由某一公司或单独成立的知识产权经纪部门发展而来的，因此其在整合、收益两大环节具有较为丰富的经验，运营模式也更为多元。

（一） ICAP 专利经纪公司

1. 公司背景

ICAP 专利经纪公司（ICAP Patent Brokerage）是 ICAP plc 旗下的知识产权经纪部门，也是全球首屈一指的专利拍卖机构，它是 ICAP 在收购 Ocean Tomo 公司的交易部门后组建而来的。Ocean Tomo 公司成立于 2003 年 7 月，是总部位于芝加哥的知识产权资本商业银行（Intellectual Capital Merchant Bank）旗下的公司。2009 年 6 月，ICAP 成功收购 Ocean Tomo 后将其更名为 ICAP Ocean Tomo，2012 年又再次改名为 ICAP Patent Brokerage。作为全球公认的现场拍卖知识产权资产市场的领先者，ICAP 专利经纪公司因举办了世界历史上第一次现场专利拍卖会而闻名于世，成为世界知名的专利技术中介公司。该公司拥有覆盖多个领域的专利包和专利族资源，从事大批量专利买卖交易，主营业务包括提供与知识产权财务专家鉴定、估价、投资、风险管理和交易相关的金融产品和服务。ICAP 专利经纪公司在格林威治、美国橘郡和旧金山以及中国均设有办事处，旗下公司包括 Ocean Tomo Asset Management、Ocean Tomo Capital、Ocean Tomo 300 专利指数等。该公司拥有众多经验丰富的知识产权货币化专业人士，善于对专利和其他知识产权资产的买卖双方进行配对，并采取私人销售交易、多批知识产权现场拍卖会或知识产权经纪及在线交易市场等多种交易方式。

2. 运营概况

ICAP 专利经纪公司在 2006 年推出了知识产权拍卖服务，其后一年的拍卖成交总额超过 5000 万美元。现在每年举办两场拍卖会，分别于春季和秋季在美国东岸、西岸举行，至今已举办 14 场。专利拍卖采取标准的收费模式，且该收费标准非常高，卖方为交易额的 15%，买方为 10%。其在拍卖前 2 个月会将相关资料放在网络上公示，有兴趣者在签订了保密协议之后可以看到更多信息。拍卖底价严格保密；如果买方出价远高于底价，则可在拍卖之前直接成交，不必上拍。

ICAP 专利经纪公司有一套标准化的交易流程，仅前期准备工作就需要大约 6 周时间。从签订交易委托合同、标准化文本准备、市场分析、制订市场操作计划、相关信息调查、权利分析、专利打包，到投放市场，已经形成了一个经过了市场检验的十分有效的成熟过程。

据了解，专利拍卖目前对于该公司的作用更多是停留在扩大宣传的层面上，对于公司业务收益的贡献度并不大。但这种模式对于专利价值的提升有很大的作用，因此其未来的发展趋势是很被看好的。

3. 运营概况

ICAP 专利经纪公司的专利运营的特点为：围绕专利证券化展开多元的专利运营，其运营模式主要包括专利价值评价、专利市场指数、专利竞拍、专利组合投资、专利坐市商等。作为一家知识产权资本商业银行，其的专利运营更多围绕着专利衍生金融品的服务，其发布的 Ocean Tomo300@ 专利成长指数和 Ocean Tomo300@ 专利价值指数对专利证券化进程具有根大的推动作用。

（二）专利方案公司

1. 公司背景

专利方案公司（Patent Solution）成立于 2001 年，以专利为主要服务对象，主要提供专利许可、专利出售、交叉许可交涉等服务；同时还为客户提供专利侵权的反向工程，从而帮助客户最大限度地实现其专利价值。其在日本还设有专利事务所。

2. 运营概况

截至目前，专利方案公司的专利运营为客户带来的收入累计达到 1.3 亿美元，处理了十几个项目。主要收入模式是通过专利许可活动获得专利使用费、通过专利销售获得收入、通过交叉许可交涉降低专利使用成本。

3. 运营特征

专利方案公司的专利运营具有以下特点：

（1）运营领域集中在收益周期较短的高新技术领域。专利方案公司运营专利所处的技术领域集中在半导体、通信、电子、软件、显示器等高新技术领域。由于其采用的收费制度为完全成功收费制度，因此出于资金链的考虑，其主要投资对象为收益周期较短的技术领域，对于医药、生物等技术更新周期较长领域的专利则没有涉及。

（2）运营模式以专利许可、出售为主，对亚洲市场更为重视。从运营模式上看，专利方案公司主要采用许可、出售、交叉许可等模式，其中专利许可业务是其最主要的业务内容。为此，专利方案公司十分重视专利反向工程、专利法理论和商务交涉能力的培养。此外，专利方案公司近几年加大了开辟亚洲市场的力度，并在日本设立了代表事务所。

（三）　思维火花服务有限公司

1. 公司背景

思维火花服务有限公司（Thinkfire Services USA Ltd）成立于 2001 年，由曾在微软担任 CTO 的 Nathan 创办，旨在帮助科技公司和其他知识产权所有者制定和执行知识产权策略，最大限度地保护其知识产权领域的投资回报，是一个完整的知识产权咨询、经纪和授权服务公司。

2. 运营概况

自 2001 年成立以来，思维火花服务有限公司为超过全球 80 家科技公司和投资公司提供了知识产权咨询和事务服务，帮助客户实现价值超过 10 亿美元的知识产权资产。

3. 运营特征

思维火花服务有限公司的专利运营具有以下特点（如图 6 - 3 所示）。

（1）主要运营领域为高科技技术，围绕大企业开展服务。由于该公司的创始人出身于微软，加之很多工作人员都有在朗讯、IBM、英特尔等高科技企业工作的经验，因此在专利技术领域的选择上该公司主要专注于高科技技术领域。从客户上看，该公司主要为大企业提供服务，主要客户包括思科、惠普、NEC、Ciena、诺基亚等。

（2）围绕专利经营管理和交易提供多种运营模式。思维火花服务有限公司主要提供以下两方面服务：一是针对知识产权经营管理方面提供咨询指导；二是针对知识产权许可和销售提供支持服务。反映到专利运营模式上，主要为专利组合分析和战略发展咨询、专利经纪、专利许可、诉讼管理等。

（3）专利运营人员由技术人员和市场开发人员共同组成。考虑到专利所具有的技术和市场属性，从事专利运营的人员由具有不同技术领域专业知识的技术人员和能够对专利价值作出判断的市场开发部门人员组成。前者从专利技术内容出发讨论专利本身固有的价值，后者从专利相关角度出发调查产品群和专利之间的关系，从而在许可等专利运营活动中，可以进行更深层次的挖掘。

图 6 - 3　思维火花有限公司的主要专利运营目标和模式

（四）　宇东科技管理集团

1. 集团背景

宇东集团（Transpacific IP）成立于 2004 年，总部位于新加坡，是全球唯一一家将总部设在亚洲的知识产权服务公司。该公司在亚洲的一些主要技术中心共设立了 7 家办事处，拥有 100 多名资深的专业人员。其客户包括跻身全球财富 500 强的知名公司，还包括来自欧洲、南美洲、澳洲、亚洲和中东地区的众多知名机构。此外，其还与众多科研人员、发明家、研究实验室、大学以及各类规模的科研机构建立了重要的合作伙伴关系。

2. 运营概况

宇东集团的业务重点是知识产权的并购、管理和授权等业务。目前，宇东公司管理着超过 2300 件的专利，已完成超过 300 笔的专利运营，申请了几千件专利；其他业务还包括开展专利的多方授权服务、处理破产公司的专利等。在以往 10 年中成为全球排名前五的专利服务公司。其选择专利的依据主要包括：一是感兴趣的大方向，如技术领域；二是专利的诉求，通过研究权利要求来分析并评估价值；三是分析专利是否构成侵权；四是考虑将来是否有可能发生侵权。值得一提的是，该公司已经进入中国市场，并从 2004 年至今已经购买 2000 项中国专利，目前中国专利的均价为 5000 ~ 50000 美元。

3. 运营特征

宇东集团的运营领域主要为消费类电子产品，无线通讯和生物医学等领域，涉及消费类电子产品、电脑软件硬件、无线通讯、半导体、新能源和生物医学等多个行业。通过与大学、大企业合作，进行专利的开发。

（五）　强制专利公司

1. 公司概况

强制专利公司（Logic Patents）是美国加利福尼亚州一家专门从事专利资本化和发明投资运营的公司，其创始人郑珏博士目前担任美国硅谷专利事务所创始合伙人。该公司不做专利代理，也不提供法律服务。它的主要业务是制造和培育有攻击性的专利，以专利价值最大化为目的。

2. 运营概况

该公司的具体业务包括专利收购、专利培育与商业化运营、竞争分析、专利评价等方面工作。在过去 5 年内，该公司直接或间接参与的各种专利运营价值超过 3 亿美元，在专利运营方面拥有丰富的实战经验，并造就了几十位依靠发明起家的科技富翁。

3. 运营特点

强制专利公司不行使专利权，只是充当"专利军火商"的角色，主要为被告制造并提供用于专利侵权案的反诉专利。

强制专利公司的基本运营思路是"变废为宝"，即收购他人不要的专利及在申请过程中想放弃的专利申请，并将其变成珍贵的新资源。

强制专利公司拥有的专利品质较高、价值较大，主要为高新技术领域的大公司提供服务，其专利不是被大公司以高价收购就是被其客户用于征服行业龙头。

四、新型专利运营公司——以 RPX 公司为例

新型专利运营公司是随着环境和市场的发展所产生的，与传统专利运营公司在运营方式上存在明显差异的运营主体。例如，在专利恶意诉讼的背景下，专利风险解决逐渐成为运营服务中较为突出的服务内容，而传统专利运营公司并没对此项业务给予足够的重视，此时出现的将专利风险运营作为主营业务，采用通过提供风险解决方案来降低专利投机所带来的成本损失的运营方式开展专利运营业务的公司，即可被称为新型专利运营公司。这类公司的主要代表是 RPX 公司，其基本情况如下所述。

（一） 公司概况

RPX 公司是在企业普遍面临专利恶意诉讼的背景下产生的一种新型专利运营机构。成立于 2008 年 3 月的 RPX，是一家专利风险解决方案（patent risk sulotion）供应商，总部位于美国的旧金山，同时在日本东京设有分部。RPX 公司由 Kleiner Perkins Caufield& Byers 和 Charles Rivers Ventures 两家创投公司共同出资成立，其两位联合创始人 John Amster 和 Geoffrey Barker，此前均曾担任过高智发明公司的副总裁。

（二） 业务概况

RPX 公司主要以提供可以替代常规专利诉讼的理性方案为运营业务。RPX 公司的运营方式是通过防御性专利收集及面向营业公司的直接许可权交易，提供联合交易、专利交叉许可协议或其他降低风险的解决方案，帮助遍及全球的客户群实现专利风险管控，避免可能面临的高额诉讼及专利使用费。

由于 RPX 公司的业务主要针对的是专利投机者，因此也被

业界称为第一家"反专利投机者公司"，更有国内学者将它戏称为"专利镖局"。正如该公司首席执行官兼联合创始人 John Amster 所言："我们不像其他聚合者。我们之所以专注于收购专利，完全为了保护运营企业。"

据报道，2012 年 2 月，阿尔卡特朗讯宣布将通过 RPX 公司成立的专利许可联盟，为全球提供其专利组合（包括约 29000 项授权专利）的访问权限。就此，阿尔卡特朗讯首席执行官韦华恩表示："阿尔卡特朗讯致力于通过创新模式，实现旗下世界级专利组合的商业价值，在保留专利所有权的同时，面向各行各业拓展专利组合的访问权限。RPX 公司是专利市场中令人尊敬的知名企业，拥有资深的行业经验。因此，就这个前所未有的项目，我们决定与 RPX 公司达成合作协议。我们相信 RPX 公司的运营模式将促进专利市场的发展，有利于为知识产权所有者与使用者缔造透明的市场及公平的价格，并通过此次合作实现可观的收益。"

（三）　运营模式

RPX 公司主要收购那些有可能给厂商带来麻烦的关键专利，或者说是预防专利，并把这些专利纳入其防御性专利收集计划。RPX 公司的专利收购方式有三种：市场购买方式，即从中介机构和专利权人手中购买专利；诉讼购买方式，即从专利权人处取得许可，但专利权人依然可以行使其专利权；合作购买方式，即从分散的力量较小的公司获得专利许可，通过构建专利组合，增强其防御能力。

RPX 公司收集到的专利会全部授权给其会员，根据会员公司的产业规模和营业收入情况，每年收取 4 万～520 万美元不等的会费；在成为 RPX 公司的会员后，就可以有偿地实施 RPX 公司的专利而免遭恶意诉讼。现在，RPX 公司有 49 位成员，很多都是国际知名公司，如 Acer、戴尔、HTC、IBM、英特尔、微软、LG、诺基亚、Palm、松下、三星、夏普、索尼和高智发明公司等，它们当中不乏曾屡次遭遇专利投机的"大肥羊"公司。RPX 公司现持有 3000 余项专利，涉及的领域有移动终端、REIF 技术、电子商务、数字投影和显示技术、半导体、互联网搜索等。

（四） 运营特点

在专利投机者专注于搜集那些可能被侵权的专利的同时，RPX 公司也在做同样的事情，但是两者的目的显然是有天壤之别：前者是为了投机、恶意诉讼，其存在增加了企业的风险以及成本；后者是为了预防，避免企业面临高额诉讼以及专利使用费。❶ 所以，在商业模式上，RPX 公司与专利投机者刚好相反：专利投机者专门收集专利，然后通过起诉别人来挣钱；而 RPX 公司则是收集别人的专利，然后通过不起诉别人来挣钱。

第三节　国外主要专利运营公司的运营特点

根据前述专利运营公司的基本情况，可以从专利运营的投资、整合以及收益环节来分析其运营专利来源、所涉及技术领域、运营收益模式以及运营特点和运营效果，如表 6 - 1 所示。

表 6 - 1　国际上主要专利运营者的运营特点

企业名称	收益模式	技术领域	专利来源	运营特点	运营效果
高智发明公司	许可、转让和诉讼	所有领域	企业、科研院所	强制专利组合，通过空壳公司和运营策略避免追踪	世界上最大的专利运营公司，资金投入 50 亿元，拥有 3.5 万件专利

---

❶ "反专利投机公司 RPX 成立·大牌公司纷纷加盟"，载中国知识产权网。

续表

企业名称	收益模式	技术领域	专利来源	运营特点	运营效果
阿凯夏	许可	高新技术领域	欧美和日本企业	收费制度	许可收入高达1亿美元，月均收入3500万~3600万美元
阿提杜资本	购买、许可和诉讼	通信、医疗、生物、软件、汽车、金融	中小企业和大学	兼具投资银行功能，挖掘专利潜在价值	投资的知识产权资产达到2.5亿美元
英特迪吉	许可、诉讼和买卖	无限技术领域	无	专利自由，且深层参与技术规格标准	2010年收入为3.9亿元，其中主要为专利运营收入
新风投	投资和孵化	信息通信领域	大企业	风险投资	拥有美国电讯、飞利浦、英特尔、IBM等合作大企业
拖默海洋	价值评价、市场指数、专利竞拍专利组合投资	所有领域	企业、科研院所	围绕专利证券化展开	2007年，年收入突破2000万美元，净利达700万美元
专利方案公司	许可、出售	高新技术领域	所有	对亚洲市场更为重视	为客户带来累计1.3亿美元的收入
保罗资本合伙集团	投资	医药、保健品领域	研究所和大学	运营处于已商业化或商业化最后阶段	专利使用费收入平均规模约为2000万~1亿元
斯坦福大学技术许可中心	转让、许可	所有领域	无	运营向上延伸，开发过程中就与市场联系	专利转让年收入4000万美元
思维火花	许可、经纪、诉讼	高技术领域	大企业	更关注市场开发	为客户实现价值超过10亿美元资产
宇泰公司	许可、转让	多个领域	大学和研究机构	—	—

一、专利运营公司主要关注高新技术领域

专利运营并不适合所有的行业，专利运营者更多地活跃在高新技术领域，该领域本身的一些特性，使其成为专利运营公司重点关注的领域。例如，通信、无线技术等电子领域的技术更新较快，同时比较容易遭受专利诉讼；医药（包括医疗设备、生物

医药学）领域的产业链较长，对其他产业拉动作用较大，因此专利在其中的地位更为重要，市场投资需求也更高。保罗公司就因为上述原因将投资对象限定在医药和保健品领域，宇东公司也因此将生物医学作为重点关注领域。

专利运营公司选择进入某一领域也受到许多大环境的影响，如这些公司的发展经历，例如，阿凯夏公司的老板出身于计算机领域，因此其主要运营的领域为高新技术领域；英特迪吉公司原来主要从事无线技术产品的制造和研发，因此其专利运营主要集中在无线技术领域；思维火花公司的创始人出身于微软，加之很多工作人员都有在朗讯、IBM、英特尔等高科技企业工作的经验，因此在专利技术领域的选择上该公司主要专注于高科技领域。

二、国外主要专利运营公司的运营模式

（一） 专利投资环节

由于专利运营公司并不是以创造专利为主要业务的，因此通过投资获得专利的运营权乃至所有权是其业务开展的重要环节。如图 6－4 所示，国外专利运营公司的主要投资模式为间接的资本投资。

直接投资是通过直接购买专利或并购包含专利的企业获得运营所需专利的所有权。高智发明公司是其中的典型代表，其 3. 5 万件专利中，自己发明的仅有 1000 余件，其余均为外购。此外，宇东公司也购买了大量专利，仅中国专利就购买了 2300 余件。

间接投资则是通过资金、专利权的投资获得运营所需专利的申请权或运营权。间接投资主要表现为两种方式：一是仅投入资金展开合作，重点放在对已有科技成果的专利化以及优化上。具有代表性的公司有艾提杜公司，由于其老板的投资领域背景，其主要业务为挖掘有价值的知识产权资产，提供技术、法律和财务

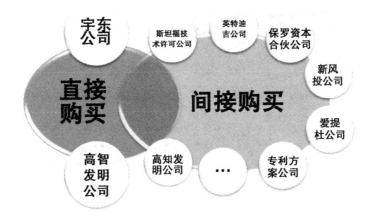

图 6 – 4　国外主要专利运营公司专利投资运营模式

领域的建议，确定和强化知识产权资产的潜在价值。二是全程参与科技成果的研发和专利化。具有代表性的公司有英特迪吉公司，该公司运营的专利几乎全为自己全程参与研发的。其中，艾提杜公司和新风投有限责任公司较为特殊，其专利运营的主要方式为专利投资，其运营的技术大多处于萌芽期。

（二）　专利整合环节

专利整合作为连接专利投资和专利收益的中间环节，其运营模式必然受二者的影响。图 6 – 5 列出了国外主要专利运营公司专利整合的主要模式。从中可以看出，大部分专利运营公司围绕产品进行专利的整合。产生这一现象的原因主要是，相对于标准，围绕产品进行的专利整合更为简单，且周期较短，风险和成本相对较小。

（三）　专利收益环节

图 6 – 6 列出了国外主要专利运营公司专利收益的主要模式，从中可以看出，专利许可、专利转让或出售是目前相对主流的专利收益模式。专利诉讼与专利融资不是专利收益的主流，以专利融资为主要收益模式的公司仅有 3 家。

图 6－5　国外主要专利运营公司专利整合的主要模式

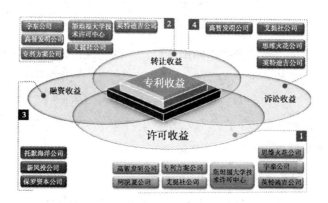

图 6－6　国外主要专利运营公司专利收益的主要模式

参考文献

［1］郑成思．知识产权——应用法学与基本理论［M］．北京：人民出版社，2005.

［2］郭民生．通向未来的制胜之路——知识产权经济及其竞争优势的理论与实践［M］．北京：知识产权出版社，2010.

［3］冯晓青．企业知识产权战略［M］．北京：知识产权出版社，2005.

［4］郭民生．技术资产评估：方法·参数·实务，［M］．北京：中国物资出版社，1996.

［5］思琦．跨国公司战略联盟及我国企业的应对措施［J］．决策 & 信息（下旬刊），2009（2）：105.

［6］于空军．日本实施知识产权战略的有关情况及其启示［J］．中国工商管理研究，2010（6）.

［7］［美］Jay Dratler, Jr. 知识产权许可（上）［M］．王春燕等，译．北京：清华大学出版社，2003.

［8］马忠法．专利产业化推进问题研究［J］．专利战略子课题研究报告，2010（10）.

［9］黄玉烨．知识产权质押若干问题探讨［J］．律师世界，1998（1）.

［10］黄荣冬，高宏德，王磊，吕臣．无形资产抵押与工业企业融资难题的破解［J］．经济体制改革，2006（5）.

［11］李德成．金融创新法律服务与知识产权律师业务

［J］．中国律师，2007（10）：15.

　　［12］苗振华．加速知识产权质押贷款——开行助力中小企业融资［J］．新材料产业，2007（2）.

　　［13］张弛．从法律视角论知识产权质押融资风险控制［J］．银行家，2007（12）.

　　［14］王晋刚，张铁军．专利刀锋与中国企业生存困境——专利化生存［M］．北京：知识产权出版社，2005.

　　［15］冯晓青．试论日本企业专利战略及对我国的启示［J］．北京航空航天大学学报（社会科学版），2001（3）.

　　［16］赵建屏．论我国知识产权战略体系的建立［J］．太原城市职业技术学院学报，2007（4）.

　　［17］王兵．技术转移中的知识产权保护［J］．中国高校科技与产业化，2008（3）.

　　［18］岳贤平，顾海英．美国的企业技术许可环节及其启示［J］．情报科学，2004（2）.

　　［19］柯涛，林葵．知识产权管理［M］．北京：高等教育出版社，2004：155－175.

　　［20］卢进勇等．跨国公司在华知识产权收费问题研究［J］．国知局软科学研究项目，2010.

　　［21］冯季英，试论知识产权的质押担保［J］．企业家天地（理论版），2007（3）.

　　［22］跨国公司第三种中国攻略：知识产权运营环节［EB/OL］．http://tech.sina.com.cn/it/2007－09－14/07531739330.shtml，2008－03－15.

　　［23］Alexander J. Wurzer.. ISO moves to establish a global standard for patent valuation［EB/OL］. http://www.iam-magazine.com，2007.

　　［24］Kyoji Fukao. Intangible Investment in Japan：Measurement

and Contribution to Economic Growth ［R］. Institute of Economic Research，Hitotsubashi University and RIETI，2007：1 – 3.

［25］刘斌强. 高智·NPE·投机·专利运营？［EB/OL］. 国家知识产权局局内网站，2012 – 09 – 26.